软件开发
人才培养系列丛书

数据库技术与应用

Access 2016

微◆课◆版

王淑敬 宁爱军◎主编

U0390244

人民邮电出版社

北 京

图书在版编目（ＣＩＰ）数据

数据库技术与应用：Access 2016：微课版 / 王淑
敬，宁爱军主编. -- 北京：人民邮电出版社，2025.1
　（软件开发人才培养系列丛书）
　ISBN 978-7-115-63748-2

　Ⅰ．①数… Ⅱ．①王… ②宁… Ⅲ．①关系数据库系
统 Ⅳ．①TP311.132.3

　中国国家版本馆CIP数据核字(2024)第034907号

内 容 提 要

本书以 Access 2016 为平台，主要讲解关系数据库的基本概念，包括数据库、数据表、查询、窗体、报表和宏的操作，以及 VBA 程序设计基础等内容。通过对本书的学习，读者可以掌握关系数据库的基础知识，具备较强的数据库设计和操作能力、VBA 程序编写和调试能力，理解面向对象程序设计和模块化程序设计思想。

本书共 8 章。第 1 章介绍数据库基础；第 2～7 章介绍数据库的基本操作，以及数据库中的数据表、查询、窗体、报表、宏等；第 8 章介绍 VBA 程序设计基础。全书每章后均配有针对性强的习题（第 2～8 章还配有实验），供读者练习、复习，以提高能力。

本书内容由浅入深，可读性强。本书适合作为大学关系数据库相关课程教材，也适合作为数据库爱好者的参考书。

◆ 主　　编　王淑敬　宁爱军
　责任编辑　张　斌
　责任印制　陈　犇

◆ 人民邮电出版社出版发行　北京市丰台区成寿寺路 11 号
　邮编　100164　电子邮件　315@ptpress.com.cn
　网址　https://www.ptpress.com.cn
　三河市祥达印刷包装有限公司印刷

◆ 开本：787×1092　1/16
　印张：13　　　　　　　　　　　2025 年 1 月第 1 版
　字数：356 千字　　　　　　　　2025 年 1 月河北第 1 次印刷

定价：56.00 元
读者服务热线：(010)81055256　印装质量热线：(010)81055316
反盗版热线：(010)81055315
广告经营许可证：京东市监广登字 20170147 号

党的二十大报告指出"教育、科技、人才是全面建设社会主义现代化国家的基础性、战略性支撑。必须坚持科技是第一生产力、人才是第一资源、创新是第一动力，深入实施科教兴国战略、人才强国战略、创新驱动发展战略，开辟发展新领域新赛道，不断塑造发展新动能新优势"，这为高校的教学和人才培养指明了方向。

Access 是一种关系数据库管理系统，它将数据库引擎的图形用户界面和软件开发工具结合在一起，具有存储方式简单、界面友好、操作简便、容易使用等特点，广泛应用于数据处理、图形用户界面开发、软件开发、后端开发等众多领域，在产业界应用广泛。

本书遵循数据库技术与应用课程的教学规律，主要特点如下。

（1）通过对数据库中各个对象进行设计和操作，培养读者的数据分析能力及数据处理能力。

（2）通过分析问题、设计算法、编写和调试程序的过程，重点培养读者分析问题、设计算法、编写和调试程序的能力。

（3）注意内容介绍的先后顺序，内容由浅入深，案例丰富，叙述简洁，可读性强。

（4）配有课件、源代码、微课视频等资源，可供读者选用。

教师选用本书作为教材，可以根据授课学时情况适当取舍教学内容。教学建议如下。

（1）如果学时充分，建议系统讲解本书全部内容；如果学时较少，建议以第 1～5 章、第 8 章为教学重点，第 6、7 章内容可在选修课或课程设计中介绍，也可以让学生自学。

（2）在教授第 2～5 章时，应按书中所提供案例的操作步骤进行操作，重点培养学生的动手能力。

（3）要求学生通过完成每章习题，巩固语言和语法知识，提升编程能力，以达到全国计算机等级考试要求的水平。

本书的编者都是长期从事软件开发和数据库技术与应用课程教学的一线教师，具有丰富的教学经验。王淑敬和宁爱军担任本书主编，负责全书的总体策划、统稿和定稿。本书具体编写分工如下：第 1、3、4、6 章由王燕编写，第 2 章由张浥楠编写，第 5、7 章由王淑敬编写，第 8 章由杨光磊编写。本书的编写和出版，还得到了很多教师的帮助以及各级领导的关怀和指导，在此一并表示感谢。

　　本书是编者对自己多年的软件开发、数据库技术与应用相关教学经验的总结，但是由于编者水平有限，书中肯定还存在很多不足之处，恳请专家和读者批评与指正。联系邮箱：wangshujing@tust.edu.cn。

编者

2024 年 7 月

目录
Contents

第8章

VBA 程序
设计基础

第1章 数据库基础

数据处理是计算机应用的重要方向。数据库已经成为人们存储数据、管理信息、共享资源的常用技术。本章主要介绍数据、数据库、数据库管理系统、数据模型、关系数据库，以及数据库的设计过程等。

1.1 数据与数据库

1.1.1 数据

在大数据时代，数据已渗透到每一个行业和每一种业务中，成为重要的生产要素，用数据来说话、用数据来管理、用数据来决策、用数据来创新的文化氛围和时代特征越发明显。

什么是数据？数据（Data）是指对客观事件进行记录并可以鉴别的符号，是对客观事物的性质、状态以及相互关系等进行记载的物理符号或这些物理符号的组合。它是可识别的、抽象的符号。数据的表现形式不仅可以是数字，还可以是具有一定意义的文字、数字符号的组合，以及图形、图像、视频、音频等。数据的含义称为语义。数据的表现形式不能完全表达数据的语义。例如98是一个数据，它可以是一门课程的考试成绩，可以是一个人的体重，可以是一张桌子的长度，还可以表达其他很多不同的意义。因此，数据与数据的语义是不可分割的。数据经过加工处理之后，就成为信息；而信息需要经过数字化转变成数据才能存储和传输。

1.1.2 数据库

现代技术的不断发展，伴随着大量数据的产生。为方便后续对数据的挖掘和使用，必须先将这些数据进行有效存储和管理。数据库（DataBase）就是用来存储数据的仓库。只不过这个仓库建立在计算机的存储设备上，而且数据是按一定规则在数据库中存储的。如何科学地组织和存储数据并高效地维护数据呢？这需要使用一个专门管理数据库的软件——数据库管理系统（DataBase Management System，DBMS）。

DBMS是用户与操作系统之间的一个数据库管理软件，是一个帮助用户建立、使用和管理数据库的软件系统，它在操作系统的支持下工作，是数据库与用户之间的接口，其主要功能包括如下几个方面。

（1）数据定义：定义数据库结构，包括定义表、索引、视图等数据对象。

（2）数据操纵：实现对数据库的查询和更新（插入、删除、修改）操作。

（3）数据库的运行管理：数据库在建立、运行和维护时由DBMS统一管理、统一控制，以保证数据的安全性、完整性，实现多用户对数据的并发使用，以及发生故障后的系统恢复。

（4）数据库的建立和维护：包括数据库初始数据的输入和转换，数据库的转储、恢复、重组织、性能分析等。

数据库技术是在文件系统的基础上产生与发展的，该技术以数据文件的形式组织数据，并在文件系统之上引入了 DBMS 对数据进行管理。数据库技术的特点如下。

（1）数据具有集成性

在数据库中采用统一的数据结构，如在关系数据库中采用关系表作为统一的数据结构。

数据库中的数据模式是多个应用共同使用的、全局的，而每个应用的数据模式则是局部的，这种全局与局部并存的数据模式构成了数据的集成性特点。

（2）数据具有高共享性与低冗余性

数据的集成性使数据可为多个应用所共享，而数据共享又可极大地减少数据冗余，不仅减少了不必要的存储空间占用，更为重要的是避免了数据的不一致性。所谓数据的不一致性，是指在系统中同一数据在不同位置出现时为不同的值，而减少数据冗余是保证数据一致性的基础。

（3）数据具有独立性

数据独立性是指数据与程序间的互不依赖性，即数据库中的数据独立于应用程序而不依赖于应用程序。也就是说，数据的逻辑结构、存储结构与存取方式的改变不会影响应用程序。

目前，广泛使用的大型 DBMS 有 Oracle、Sybase、SQL Server、Db2 等，中小型 DBMS 有 SQLite、MySQL、Access 等。我国自主研发的 DBMS 主要有蚂蚁集团的 OceanBase 和华为的 GaussDB 等。

1.2 数据模型

计算机无法直接处理现实世界中的客观事物。因此需要对客观事物进行抽象，才能将其转换成计算机能够处理的数据。数据模型是数据库中用来对现实世界中的客观事物进行抽象的工具，是数据库中用于提供信息表示和操作手段的形式框架。数据模型是数据库系统的核心和基础。

目前被广泛使用的数据模型可分为两类：一类是"概念数据模型"，它用于将现实世界的问题用概念化结构来描述；另一类是"结构数据模型"，或称为"逻辑数据模型"，它用于将概念数据模型转换为 DBMS 所支持的数据模型。

1.2.1 概念数据模型

概念数据模型（Conceptual Data Model）简称为概念模型，是一种面向用户、面向客观世界的模型。在数据库设计的初始阶段，设计人员使用概念数据模型分析数据以及数据之间的联系。

在概念模型中最常用的是 E-R（Entity-Relationship，实体-联系）模型。

E-R 模型主要由实体、属性和联系组成。

E-R 模型

1．实体

现实世界中客观存在并可相互区分的事物称为实体（Entity）。实体可以是具体的人、事、物，如一个学生、一次订货等；也可以是抽象的概念。

2．属性

实体所具有的特性称为属性（Attribute）。属性的具体取值称为属性值，属性的取值范围称为属性的域。一个实体可以由若干个属性来刻画。例如，学生有学号、姓名、性别等属性，而性别的域为"男""女"。

多个属性值的集合表示一个实体，属性的集合则表示一种实体的类型，这就是实体型，所有同类型的实体的集合称为实体集。例如，学生(学号、姓名、性别、出生年月、学院、入学时间)就是一个实体型，全体学生就是一个实体集。

3．联系

现实世界的事物之间总是存在某种联系（Relationship），包括实体内部的联系和实体之间的联系。

两个实体之间的联系可分为 3 类。

① 一对一联系（1:1）：如果对于实体集 A 中的每一个实体，实体集 B 中至多有一个实体与之对应，反之亦然，则称 A 与 B 具有一对一联系。

② 一对多联系（1:n）：如果对于实体集 A 中的每一个实体，实体集 B 中有 n 个实体（$n \geq 0$）与之对应；而对于实体集 B 中的每一个实体，实体集 A 中至多有一个实体与之对应，则称 A 与 B 具有一对多联系。

③ 多对多联系（m:n）：如果对于实体集 A 中的每一个实体，实体集 B 中有 n 个实体（$n \geq 0$）与之对应；对于实体集 B 中的每一个实体，实体集 A 中有 m 个实体（$m \geq 0$）与之对应，则称 A 与 B 具有多对多联系。

在 E-R 模型中，用矩形表示实体，矩形框内写明实体名；用椭圆表示实体的属性，并用无向边将其与相应的实体连接起来；用菱形表示实体之间的联系，在菱形框内写明联系名，并用无向边分别将其与有关实体连接起来，同时在无向边旁标上联系的类型。

例如，用 E-R 模型来描述某高校的选课管理情况：学校有若干个学院，每个学院有若干学生和教师，每个学生可选修多门课程，每门课程可以被多名学生选修，每位教师可讲授多门课程，每门课程可以被多位教师讲授。该 E-R 模型如图 1-1 所示。

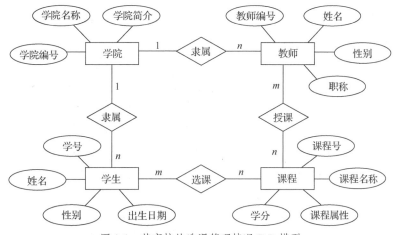

图 1-1　某高校的选课管理情况 E-R 模型

1.2.2　逻辑数据模型

逻辑数据模型（Logical Data Model）是一种面向数据库系统的模型，是具体的 DBMS 所支持的数据模型，可简称为数据模型。数据发展过程中产生过 3 种基本的逻辑数据模型，它们分别是层次模型、网状模型和关系模型。

1．层次模型

层次模型是以树形结构来表示实体与实体之间联系的数据模型。层次模型诞生于 20 世纪 60 年代，是数据库系统最早使用的一种模型。

层次模型具有如下两个特征。

（1）有且只有一个节点没有双亲节点，这个节点称为根节点。

（2）根节点以外的其他节点有且只有一个双亲节点。

在层次模型中，每一个节点代表一个实体集，节点之间的连线（单向箭头）表示实体之间的联系，这种联系是一对多联系。

现实世界中许多实体之间的联系都呈现出一种很自然的层次关系，如行政关系、家族关系等。层次模型以自然和直观的方式对具有一对多联系的事物进行描述，易于理解，但层次模型不能表达实体间的多对多联系。图1-2所示为一个层次模型示例。

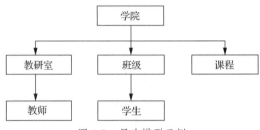

图 1-2　层次模型示例

2．网状模型

用网状结构来表示实体与实体之间联系的数据模型称为网状模型。

网状模型的特征如下。

（1）允许一个以上的节点没有双亲节点。

（2）允许一个节点有多个双亲节点。

与层次模型一样，在网状模型中，每个节点代表一个实体集，节点之间的连线（单向箭头）表示实体之间的联系。图1-3所示为一个网状模型示例。

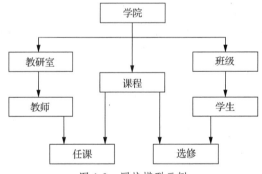

图 1-3　网状模型示例

网状模型能表示实体间的多种联系，它的结构更复杂，实现的算法难以规范化。

3．关系模型

用二维表结构表示实体与实体之间联系的数据模型称为关系模型。一个关系对应一个二维表，无论是实体还是实体之间的联系都用关系来表示。例如，用关系来表示课程情况，如表1-1所示。

表 1-1　课程

课程号	课程名称	课程属性	学分	总学时
1000000001	数理统计	必修课	4	64
1000000008	会计学	必修课	4	64
1000000054	舞蹈鉴赏	选修课	1	16
1000000081	计算方法	必修课	3	48

1.3 关系数据库

关系数据库是基于关系模型的数据库，Microsoft Access 就是一个应用非常广泛的关系数据库管理系统。在关系数据库中，数据存储在二维结构的表（数据表）中，而一个关系数据库中，包含多个数据表。

1.3.1 关系数据库的基本术语

关系数据库的基本术语有如下几个。

（1）关系

一个关系对应一个二维表，每个关系都有一个关系名。例如，表 1-1 所示的课程表。

（2）元组

表中的一行为一个元组，也称为一条记录。例如，表 1-1 所示的课程表中包含 4 条记录。

（3）属性

表中的一列为一个属性，也称为一个字段。例如，表 1-1 所示的课程表中包含课程号、课程名称等 5 个字段。

（4）域

字段的取值范围称为域。例如表 1-1 所示的课程表中总学时字段的域为正整数。

（5）主关键字

在表中能够唯一标识一条记录的字段或字段组合，称为候选关键字。一个表中可能有多个候选关键字，从中选择一个作为主关键字（也称为主键）。例如，表 1-1 所示的课程表中的课程号。

（6）外部关键字

如果表 A 和表 B 中有公共字段，且该字段在表 B 中是主键，则该字段在表 A 中就称为外部关键字（也称为外键）。例如，学院表中的学院编号为主键，学生表中的学院编号就是外键。

（7）关系模式

一个关系的关系名及其全部属性的集合称为关系模式，对应一个关系的结构。关系模式的格式为：

关系名(属性 1,属性 2,…,属性 n)

表 1-1 所示的课程表的关系模式为：

课程(课程号,课程名称,课程属性,学分,总学时)

1.3.2 关系的主要特点

关系数据库中关系的主要特点如下。

（1）关系中的每个属性必须是不可分割的数据项（表中不能包含表）。

（2）关系中的每一列元素必须是同一类型的数据，来自同一个域。

（3）关系中不能出现相同的字段。

（4）关系中不能出现相同的记录。

（5）关系中的行、列次序可以任意交换，不影响其信息内容。

1.3.3 关系数据库的完整性规则

关系数据库的完整性规则用于保证数据的正确性、有效性和相容性。关系数据库有 3 类完整性规则。

（1）实体完整性规则

实体完整性规则要求关系中的主键不能取空值或重复的值。所谓空值就是"不知道"或"无意义"的值。例如，在课程实体中，每一个课程号对应一门课程，因此课程号不能为空或出现多个相同的值。

（2）参照完整性规则

参照完整性规则定义了外键和主键之间的引用规则，即外键或者取空值，或者等于相应关系中主键的某个值。例如，一个高校学生一定隶属于该校的某个学院，因此，学生表中学院编号的值一定是学院表中学院编号值中的一个或者为空值。

（3）用户自定义的完整性规则

用户可以根据某一具体应用所涉及的数据必须满足的语义要求自定义完整性规则。例如，对于课程表中的学分字段，用户可规定学分取值只能为正整数。

1.3.4 关系运算

关系运算可以实现对关系数据库的操作。关系运算的结果也是一个关系。关系的基本运算有如下两类。

1．传统的集合运算

并、交、差、笛卡儿积运算是传统的集合运算。参与并、交、差运算的关系 R 与 S 必须具有相同的结构。

（1）并运算

关系 R 与 S 的并运算可以记作 $R \cup S$，运算结果是由两个关系中的所有元组组成的一个新关系，若两个关系中有相同元组，则只保留一个。

（2）交运算

关系 R 与 S 的交运算可以记作 $R \cap S$，运算结果是由两个关系中的相同元组组成的一个新关系。

（3）差运算

关系 R 与 S 的差运算可以记作 $R-S$，运算结果是由属于 R 但不属于 S 的元组组成的一个新关系。

图 1-4 所示为关系 R 与 S 的并、交、差运算示例。

关系R

A	B	C
a1	b1	c1
a1	b2	c2
a2	b2	c1

关系S

A	B	C
a1	b2	c2
a1	b3	c2
a2	b2	c1

$R \cup S$

A	B	C
a1	b1	c1
a1	b2	c2
a2	b2	c1
a1	b3	c2

$R \cap S$

A	B	C
a1	b2	c2
a2	b2	c1

$R-S$

A	B	C
a1	b1	c1

图 1-4　关系 R 与 S 的并、交、差运算示例

（4）笛卡儿积运算

关系 R 与 S 的笛卡儿积运算可以记作 $R \times S$。R 和 S 可以是两个结构不同的关系，假设 R 有 m

个属性、i 个元组，S 有 n 个属性、j 个元组，则 $R×S$ 的运算结果是一个具有 $m+n$ 个属性、$i×j$ 个元组的关系。图 1-5 所示为关系 R 与 S 的笛卡儿积运算示例。

关系R

A	B	C
a1	b1	c1
a1	b2	c2
a2	b2	c1

$R×S$

A	B	C	D	E	F
a1	b1	c1	a1	b1	c2
a1	b1	c1	a1	b3	c1
a1	b2	c2	a1	b1	c2
a1	b2	c2	a1	b3	c1
a2	b2	c1	a1	b1	c2
a2	b2	c1	a1	b3	c1

关系S

D	E	F
a1	b1	c2
a1	b3	c1

图 1-5　关系 R 与 S 的笛卡儿积运算示例

2. 专门的关系运算

在关系数据库中根据用户需求查询满足条件的数据时，需要专门的关系运算，包括选择运算、投影运算和连接运算。

（1）选择运算

选择运算是指从关系中找出满足指定条件的所有元组。选择运算是从行的角度进行的运算，运算结果是原关系在水平方向上的一个子集。例如，在关系 R 中找出字段"C"属性值为"c1"的记录，得到关系 S，结果如图 1-6 所示。

关系R

A	B	C
a1	b1	c1
a1	b2	c2
a2	b2	c1

关系S

A	B	C
a1	b1	c1
a2	b2	c1

图 1-6　选择运算结果

（2）投影运算

投影运算是指从关系中选取若干属性组成新的关系。投影运算是从列的角度进行的运算，相当于对关系进行垂直分解。经过投影运算得到的新关系所包含的属性个数往往比原关系所包含的少，或者新关系中属性的排列顺序与原关系中的不同。例如，在关系 R 中找出字段"B"属性值为"b2"的记录中字段"C"的属性值，得到关系 S，结果如图 1-7 所示。

关系R

A	B	C
a1	b1	c1
a1	b2	c2
a2	b2	c1

关系S

C
c2
c1

图 1-7　投影运算结果

（3）连接运算

连接运算是能够从两个关系的笛卡儿积中选取属性值满足指定条件的元组并生成一个新的关系的运算。在连接运算中，按关系的属性值对应相等为条件进行的连接操作称为等值连接，去掉重复属性的等值连接称为自然连接。自然连接是最常用的连接运算。例如，自然连接关系 R 和 S 得到关系 T 的结果如图 1-8 所示。

	关系R		
A	B	C	
a1	b1	c1	
a1	b2	c2	
a2	b2	c1	

关系S		
C	D	E
c3	d1	e2
c2	d1	e1

关系T				
A	B	C	D	E
a1	b2	c2	d1	e1

图 1-8　自然连接运算结果

1.4 数据库的设计过程

数据库设计是指在一个给定的应用环境下，构造最优的数据库模式，建立数据库及其应用系统，使之能够有效地存储数据，满足不同用户的应用需求。数据库的设计过程一般需要经过 6 个阶段。

1．需求分析

需求分析的目的是分析系统需求，主要任务是从用户那里收集数据需求和数据处理需求，并把这些需求编写成需求分析说明书。

2．概念模型设计

根据需求分析说明书，对现实世界的客观事物进行数据抽象，确定相关的实体与实体之间的联系，建立独立于具体 DBMS 的数据库概念模型，如 E-R 模型。

3．逻辑结构设计

逻辑结构设计的目的是将 E-R 模型转换为 DBMS 能够接受的逻辑模型。在关系数据库中，这一阶段主要完成表的结构和关联的设计。

将 E-R 模型转换为关系模型的基本原则如下。

（1）实体的转换：每一个实体转换为一个关系模式，实体的属性就是关系的属性，实体的关键字就是关系的关键字。

（2）联系的转换：一对一联系和一对多联系一般可以不产生新的关系模式，而将一个实体的关键字加入多个实体对应的关系模式中，联系的属性也一并加入。多对多联系需要产生一个新的关系模式，由联系所涉及的实体的关键字和联系的属性组成。

将 1.2.1 小节中某高校的选课管理情况的 E-R 模型转换为关系模式，具体如下：

学院 (学院编号,学院名称,学院简介)

教师 (教师编号,姓名,性别,学院编号,职称)

学生 (学号,姓名,性别,出生日期,学院编号)

课程 (课程号,课程名称,课程属性,学分)

授课 (教师编号,课程号,开课时间)

选课成绩 (学号,课程号,教师编号,平时成绩,期末成绩)

▶注意

上述各关系模式中，对应关系的关键字使用下画线加以标识。学院与教师以及学院与学生之间均为一对多联系，因此，在教师和学生的关系模式中都增加了学院编号。教师与课程以及学生与课程之间均为多对多的联系，因此分别生成授课和选课成绩两个新的关系模式，对应新关系的关键字由原关系的关键字组合而成，当然，也可自行设计新的属性来作为新关系的关键字。

前 4 个关系模式对应的二维表，结构如图 1-9 所示。

学院编号	学院名称	学院简介
0001	机械工程学院	拥有1个博士点，2个硕士点
0002	电子信息与自动化学院	
0003	化工与材料科学学院	
0004	生物工程学院	建于1958年

"学院"关系

教师编号	姓名	性别	学院编号	职称
200012	王萌梦	女	0002	讲师
200017	时赛	男	0004	讲师
300021	张梅美	女	0003	教授
30024	王力鑫	男	0001	教授

"教师"关系

学号	姓名	性别	出生日期	学院编号
21030303	郑安素	女	2003/10/9	0003
20030116	章途	男	2001/11/2	0003
21010102	陈澈	男	2002/11/13	0001
20020114	杨乐和	女	2001/11/27	0002

"学生"关系

课程号	课程名称	课程属性	学分
1000000001	数理统计	必修课	4
1000000016	财务管理学	必修课	4
1000000048	盐文化	必修课	1
1000000060	工程材料导论	必修课	3

"课程"关系

图 1-9　某高校的选课管理情况二维表

4. 物理结构设计

物理结构设计的目的是确定数据库的存储结构，主要任务包括确定数据库文件和索引文件的记录格式和物理结构，选择存取方式，决定访问路径和外存储器的分配策略等。

5. 数据库实施

数据库实施是指用 DBMS 提供的数据定义语言定义数据库结构，装入初始数据，编制与调试应用程序，并调试数据库。

6. 数据库运行与维护

在数据库投入运行后，对数据库进行评价、调整和修改等维护工作。

习题

一、单项选择题

1. 对客观事物的性质、状态及相互关系等进行记载的物理符号或这些物理符号的组合是（　　　）。

    A. 数据　　　　　　B. 信息　　　　　　C. 数据处理　　　　D. 数据管理

2. （　　　）就是用来存储数据的仓库。

    A. DBMS　　　　　B. 数据库　　　　　C. 数据库系统　　　D. 操作系统

3. 数据库系统中对数据库进行管理的核心软件是（　　　）。

    A. DBMS　　　　　B. 数据库　　　　　C. 数据库系统　　　D. 操作系统

4. 在关系数据库中，把数据表示成二维表，表中的每行称为（　　　）。

    A. 关系　　　　　　B. 元组　　　　　　C. 属性　　　　　　D. 域

5. 关系中所有主键不能取空值，称为关系的（　　　）。

    A. 实体完整性　　　　　　　　　　　　B. 参照完整性

    C. 用户定义的完整性　　　　　　　　　D. 数据完整性

6. 关系数据库是以（　　　）的形式组织和存放数据的。

    A. 链　　　　　　　B. 一维表　　　　　C. 二维表　　　　　D. 指针

7. "商品"与"顾客"两个实体集之间的联系一般是（　　　）联系。

    A. 一对一　　　　　B. 一对多　　　　　C. 多对一　　　　　D. 多对多

8. 对于关系模式学籍信息(<u>学号</u>,姓名,出生日期,籍贯)，以下说法中正确的是（　　）。

 A. 如果姓名不为空，那么出生日期也不能为空

 B. 如果姓名为空，那么学号可以为空

 C. 对于该关系模式的任何实例，学号都不能为空

 D. 新实例不允许只有学号有值，其他属性都为空

9. 对于图 1-10 所示的 E-R 模型描述的实体间关系，正确的说法是（　　）。

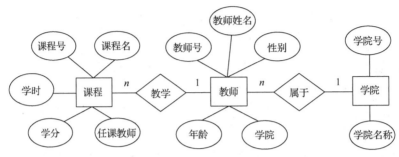

图 1-10　课程管理 E-R 模型

 A. 学院实体有问题，因为只给出两个属性

 B. 课程实体的属性有 10 个

 C. 课程和学院之间没有建立直接联系

 D. 因为课程实体有任课教师属性，所以年龄也是课程实体的属性

10. 给出一个关系模式的某条实例为("张红", "女", "天津市",1.65)，则正确的说法是（　　）。

 A. 1.65 在实例中属于非法值

 B. "天津"描述了该实例的元组名

 C. "女"是该实例对应的关系模式中字段的取值

 D. "张红"是该实例对应的关系模式中记录的取值

11. 现实世界中客观存在并可相互区分的事物称为（　　）。

 A. 实体　　　　　　　 B. 属性　　　　　　　 C. 实体型　　　　　　 D. 实体集

二、分析设计题

1. 已知学分绩统计系统中，学生基础信息表部分字段为学号、姓名、总学分绩、专业排名、联系方式等。

（1）绘制学生实体的 E-R 模型。

（2）将 E-R 模型转换为关系模式，并标注关键字。

2. 将图 1-11 所示的 E-R 模型转换成关系模式，并标明各关系的关键字。

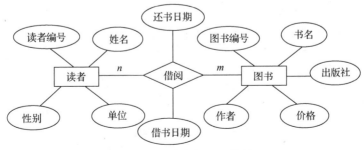

图 1-11　图书借阅 E-R 模型

第2章 数据库的基本操作

Access 2016 在保留旧版本许多优点的前提下，发生了很多变化，展示了更为强大的功能。无论是有经验的数据库设计人员还是刚接触数据库管理的初学者，都能通过它提供的各种工具获得高效的数据处理能力。

2.1 Access 2016 概述

数据库的基本操作

Access 2016 是 Office 2016 的一个组件，在安装 Office 2016 的过程中，可以选择安装 Access 2016。

执行 Windows 菜单中"开始→所有程序→Microsoft Office→Microsoft Access 2016"命令，打开 Access 2016 主窗口，如图 2-1 所示。

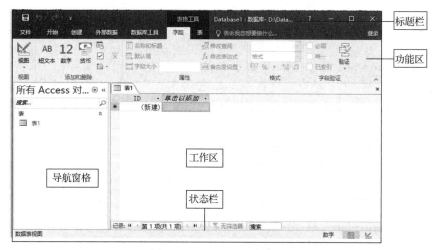

图 2-1　Access 2016 主窗口

如图 2-1 所示，Access 2016 主窗口由以下几部分组成。

（1）标题栏：用于显示打开的数据库的名称、版本等信息。

（2）功能区：使用选项卡及按钮形式完成操作，方便快捷。

（3）导航窗格：以多种方式组织、归类、显示数据库对象，包括自定义、对象类型、表和相关视图、创建日期、修改日期、按组筛选等。使用导航窗格是打开或更改数据库对象的主要方式。

（4）工作区：用于显示正在操作的数据库对象，是用户完成各种操作的工作区域。

（5）状态栏：用于显示当前对象的状态，用户可以通过操作相应按钮来切换当前对象的显示模式。

在 Access 2016 主窗口中，单击"文件"，弹出 Backstage 视图，如图 2-2 所示。该视图取代了传统的"文件"菜单，可以在该视图下管理文件及相关数据，如进行新建文件、打开文件、保存文件、另存文件，数据库的加密、压缩和修复，以及 Access 的环境选项设置等操作。

图 2-2　Backstage 视图

2.2　创建数据库

利用 Access 2016 创建数据库有两种途径。

（1）通过系统提供的模板创建数据库。Access 2016 预置了多种类型的模板，通过这些模板能够快速建立数据库，便于快速建立现有的重复业务，如在新建一所学校时，就可以利用模板新建"教职员"数据库。

（2）创建空白数据库，然后手动向这个空白数据库中添加其他对象，如表、查询、报表等。

利用 Access 2016 创建好数据库后，需要对其进行保存，保存的数据库文件扩展名为.accdb。

2.2.1　通过模板创建数据库

Access 2016 提供了多种数据库模板，用户可以通过模板快速、高效地创建数据库。

【例 2.1】　利用系统提供的模板创建"教职员"数据库。

具体操作步骤如下。

（1）启动 Access 2016，单击"文件"命令，在 Backstage 视图中执行"新建"命令，打开"新建"窗口。在"搜索联机模板"文本框中填写"教职员"，按"Enter"键，搜索所需模板，如图 2-3 所示。

（2）单击"教职员"模板的图标，打开"教职员"对话框，在"文件名"文本框中输入数据库的文件名为"教职员.accdb"，设置存储位置，如图 2-4 所示。

（3）单击"创建"按钮，完成数据库的创建。在 Access 2016 主窗口中，单击导航窗格，将显示利用模板创建的数据库中包含的表、窗体、报表等多种数据库对象，如图 2-5 所示。

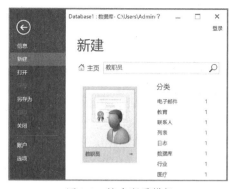

图 2-3 搜索所需模板

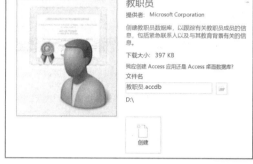

图 2-4 设定数据库文件名

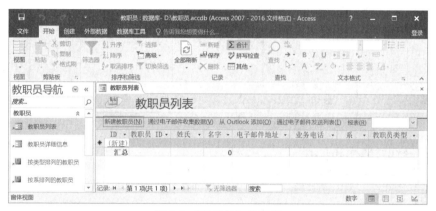

图 2-5 "教职员"数据库

2.2.2 创建空白数据库

当 Access 2016 提供的模板不能满足需要时，用户可以先创建空白数据库，再创建各个数据库对象，或者导入数据。在 Access 2016 中，可以通过新建"空白桌面数据库"操作来创建空白数据库。

【例 2.2】 创建"选课管理系统"数据库，并将数据库保存在"D:\"目录下。

具体操作步骤如下。

（1）启动 Access 2016，单击"文件"命令，在 Backstage 视图中执行"新建"命令，打开"新建"对话框。单击"空白桌面数据库"图标，如图 2-6 所示。

（2）在弹出对话框中的"文件名"文本框中输入数据库的文件名，设定存储位置为"D:\"，如图 2-7 所示。

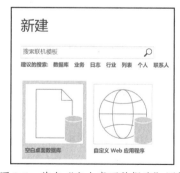

图 2-6 单击"空白桌面数据库"图标

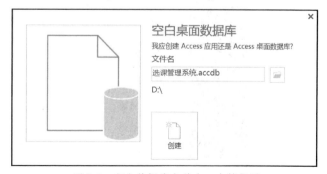

图 2-7 空白数据库文件名、存储位置

（3）单击"创建"按钮，创建空白数据库，如图 2-8 所示，系统自动创建一个数据表"表 1"，该表以"数据表视图"方式打开。

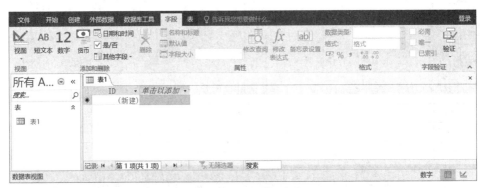

图 2-8　空白数据库

▶注意

Access 2016 数据库文件扩展名为 .accdb，创建好空白数据库后，用户可以根据需要自行添加表、窗体、查询、报表、宏与模块等对象。

2.2.3　打开/关闭数据库

打开已经创建好的数据库之后，可以向其中添加各种对象，并完成相关操作；在操作完成之后需要关闭数据库

1．打开数据库

打开数据库有两种方法：一种是使用"打开"命令，打开数据库文件；另一种是打开最近使用过的文件。

【例 2.3】　使用两种方法打开 D 盘根目录下的"选课管理系统"数据库。

具体操作步骤如下。

方法一：在 Access 2016 主窗口中，单击"文件"命令，打开 Backstage 视图，单击"打开"命令，在弹出的新界面中选择文件的路径和文件，然后单击"打开"按钮就可以打开数据库文件。

方法二：在 Access 2016 主窗口中，单击"文件"命令，打开 Backstage 视图，单击"打开"命令，在弹出的新界面中单击"最近使用的文件"，如图 2-9 所示，将会显示最近使用过的所有数据库文件，单击需要的数据库文件即可。

图 2-9　最近使用的文件

2. 关闭数据库

关闭数据库的常用方法有以下几种。

（1）单击 Access 2016 主窗口右上角"关闭"按钮。

（2）单击 Access 2016 主窗口左上角"关闭数据库"按钮。

（3）单击"文件→关闭"命令。

2.3 数据库管理

数据库管理操作包括加密、压缩和修复、备份等。

2.3.1 数据库加密

为保证数据库使用的安全性，可以使用密码为数据库加密。在打开数据库时，必须输入正确的密码，从而保证数据库中的信息不会泄露。

【例 2.4】 为"选课管理系统"数据库设置密码。

具体操作步骤如下。

（1）在 Access 2016 主窗口中，执行"文件→打开→浏览"命令，在对话框中选择需加密的数据库文件，并选择"以独占方式打开"，如图 2-10 所示。

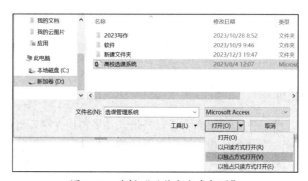

图 2-10 选择"以独占方式打开"

（2）执行"文件→信息"命令，单击"用密码进行加密"图标，如图 2-11 所示，弹出"设置数据库密码"对话框，如图 2-12 所示。在该对话框的文本框中输入密码并验证密码，完成设置密码操作，并单击"确定"按钮。

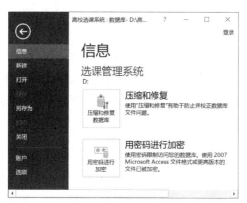

图 2-11 用密码进行加密

图 2-12 设置数据库密码

（3）为数据库设置密码后，再次打开数据库文件时，系统会弹出"要求输入密码"对话框，如图 2-13 所示。

图 2-13　"要求输入密码"对话框

▶注意

为数据库设置密码时，要保证密码的安全性。

2.3.2　压缩和修复数据库

在使用数据库文件时，其占用的磁盘空间会迅速增大，这可能会影响系统的性能；有时候数据库也可能损坏。压缩和修复数据库可以修正数据库文件存在的问题，并通过消除未使用的空间来缩小数据库文件的大小。

【例 2.5】压缩和修复数据库。

具体操作如下。

在 Access 2016 主窗口中，单击"文件"命令，打开 Backstage 视图，再单击"压缩和修复数据库"图标即可。

2.3.3　备份数据库

对于重要的数据库文件，在必要时需要进行备份，并妥善地保存好备份文件，以便在原数据库损坏或丢失时恢复数据。常用的备份方法有以下两种。

1．使用"另存为"命令

利用"文件→另存为"命令，可将数据库文件另存为另一个文件。

2．复制文件

在操作系统的资源管理器中，复制数据库文件，并将该文件粘贴到其他位置。

2.4　管理数据库的内部对象

2.4.1　查看数据库的内部对象

Access 2016 数据库中有多种类型的对象，包括表、查询、窗体、报表等，每一种类型的对象都可能有多个。可以采用不同方法查看这些内部对象。常用的查看方法有：按照对象类型分组查看；按表和相关视图分组查看；自定义分组查看等。

【例 2.6】采用两种方法分组查看"教职员"数据库中的数据库对象。

两种方法的具体操作如下。

（1）选择左侧导航窗格的浏览类别为"对象类型"（见图 2-14），将所有 Access 对象按照对象类型分组查看，如图 2-15 所示。

（2）选择左侧导航窗格的浏览类别为"表和相关视图"，此时将表和与表相关的其他对象分组查看，如图 2-16 所示。

图 2-14　浏览类别　　　图 2-15　"对象类型"浏览类别　　　图 2-16　"表和相关视图"浏览类别

2.4.2　操作数据库的内部对象

可以对 Access 2016 数据库中的对象执行打开、切换视图、复制、粘贴和删除等操作。

【例 2.7】　在"教职员"数据库中，对表进行打开、视图切换、复制、粘贴和删除等操作。
具体操作如下。

（1）打开表。双击"教职员"表，或者右键单击"教职员"表，弹出的快捷菜单如图 2-17 所示。执行"打开"命令，打开"教职员"表，进入数据表视图，如图 2-18 所示，在该视图下可以查看和修改数据。

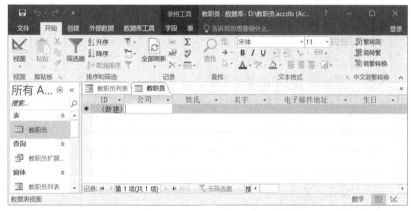

图 2-17　弹出的快捷菜单　　　　　图 2-18　打开"教职员"表，进入数据表视图

（2）视图切换。右键单击"教职员"表的标签，执行弹出的快捷菜单中的"设计视图"命令，可以切换到表的设计视图，在该视图下可以查看和修改表的结构；执行弹出的快捷菜单中的"数据表视图"命令，可以切换到表的数据表视图。

（3）复制、粘贴表。右键单击"教职员"表，弹出的快捷菜单如图 2-17 所示，执行"复制"命令；再执行"粘贴"命令，弹出"粘贴表方式"对话框，如图 2-19 所示，可以设置粘贴的表的名称，还可以选择仅粘贴表结构还是粘贴表结构和数据，或是将数据追加到已有的表的后边。

图 2-19 "粘贴表方式"对话框

（4）删除表。右键单击"教职员"表，弹出的快捷菜单如图 2-17 所示，执行"删除"命令，弹出删除对话框，如图 2-20 所示。单击"是"按钮，则删除该表，单击"否"按钮，则取消删除。

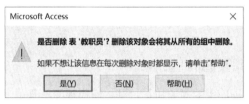

图 2-20 删除对话框

实验

一、实验目的

（1）了解 Access 2016 的操作环境。

（2）掌握数据库的创建方法。

（3）掌握数据库管理的方法。

（4）了解数据库对象的基本操作。

二、实验内容

（1）创建一个空白数据库，数据库文件名为"高校学生信息管理"。

（2）使用模板创建"学生"数据库，并按要求完成以下操作。

① 为"学生"数据库设置密码，并验证密码。

② 压缩和修复数据库。

③ 为数据库中自动创建的"学生"表创建一个副本。

习题

单项选择题

1. Access 2016 数据库文件的扩展名是（   ）。

    A. .dbf   B. .mdb   C. .adp   D. .accdb

2. 以下关于 Access 数据库的叙述中，错误的是（　　）。

    A. 可以使用 Access 提供的模板创建数据库

    B. 数据库是指存储在 Access 中的一个二维表

    C. 一个数据库就是存储在磁盘中的一个单独的数据库文件

    D. 数据库中包含表、查询、窗体等多种数据库对象

3. 在 Access 2016 中创建"学生"数据库的最快捷的方法是（　　）。

    A. 通过数据表模板创建　　　　　　　B. 创建空白的数据库

    C. 通过数据库模板创建　　　　　　　D. 上述创建方法均可

4. 在 Access 2016 中，执行（　　）命令可以修复数据库文件存在的问题，并通过消除未使用的空间来缩小数据库文件的大小。

    A. 压缩和修复数据库　　　　　　　　B. 数据库加密

    C. 数据库备份　　　　　　　　　　　D. 打开数据库

5. 对数据库进行加密的前提是（　　）。

    A. 以任意形式打开数据库均可　　　　B. 以只读方式打开数据库

    C. 以独占方式打开数据库　　　　　　D. 无须打开数据库

第 **3** 章 数据表

在 Access 数据库中，数据表是整个数据库的基础，所有的原始数据都存储在表对象中，其他数据库对象，如查询、窗体、报表等，都在表的基础上建立并使用。本章介绍数据表的创建、表之间关系的定义以及表中数据的操作。

3.1 数据表的创建

Access 数据表由表结构和表内容两部分构成。要创建数据表，首先得定义表结构，因此需要了解数据表的结构。表由行和列构成。表中的列称为字段，用来描述数据的某些特征；表中的行称为记录，用来反映某一实体的信息。创建表的工作包括创建字段、给字段命名、定义字段的数据类型和设置字段属性等。

3.1.1 定义表结构

定义表结构，就是定义表中包含哪些字段，以及各字段的名称、数据类型等属性。

1. 字段名称

表中的一列称为一个字段，用来描述数据的某类特征。每个字段都应该具有唯一的名字，这个名字被称为字段名称。Access 2016 中，字段名称需要符合以下条件。

（1）字段名称的长度为 1～64 个字符。

（2）字段名称可以包含字母、汉字、数字、空格和其他字符，但不能以空格开头。

（3）字段名称不能包含句号（.）、感叹号（!）、方括号（[]）和重音符号（'）。

（4）字段名称不能包含 ASCII 值为 0～31 的控制字符。

在定义字段名称时，尽量做到"见名知义"，同时应避免字段名称过长。

2. 数据类型

根据关系数据库理论，一个数据表中的同一列数据必须具有相同的数据特征，这种数据特征被称为字段的数据类型，简称字段类型。在设计表结构时，必须定义表中每个字段的数据类型。Access 2016 支持 12 种数据类型。

（1）短文本：存储字符、数字或字符与数字的组合，最多为 255 个中文或英文字符，默认字段大小为 255。短文本类型的数字不能用于计算，只能用于表示名称、电话号码、邮政编码等。

（2）长文本：用于保存较长的文本信息，如备忘、注释或详细说明等。长文本类型的文本最多可达 1GB。

（3）数字：用来存储进行算术运算的数值数据。为了有效处理不同类型的数值，可以通过"字段大小"属性进一步指定以下几种类型。

- 字节：占用 1 字节存储空间，用于保存 0～255 的整数。
- 整型：占用 2 字节存储空间，用于保存-32768～32767 的整数。
- 长整型：占用 4 字节存储空间，用于保存-2147483648～2147483647 的整数。
- 单精度型：占用 4 字节存储空间，用于保存-$3.4×10^{38}$～$3.4×10^{38}$ 且最多具有 7 位有效数字的浮点数。
- 双精度型：占用 8 字节存储空间，用于保存-$1.797×10^{308}$～$1.797×10^{308}$ 且最多具有 15 位有效数字的浮点数。
- 同步复制 ID：占用 16 字节存储空间，用于存储同步复制所需的全局唯一标识符。
- 小数：占用 12 字节存储空间，用于保存-$9.999…×10^{27}$～$9.999…×10^{27}$ 的数值。

（4）货币：存储货币值，是数字类型的特殊类型。货币类型的数据占用 8 字节存储空间。

（5）日期/时间：用于存储日期和时间数据，允许范围是 100/1/1～9999/12/31。日期/时间数据类型占用 8 字节存储空间。日期/时间类型常量两端用"#"隔开，如#2002-1-1#、#2002-1-1 14:52:30#。

（6）自动编号：默认字段的数据类型为长整型，占用 4 字节存储空间。自动编号类型比较特殊。每当向表中添加一条记录时，系统自动插入一个唯一的递增（增量为 1）顺序号，即在自动编号字段中指定唯一一数值。自动编号字段的值由系统设定，不能更改。

▶注意

当删除表中含有自动编号字段的某一条记录时，Access 不会对表中自动编号字段重新编号。当添加某一条记录时，不会使用已被删除的自动编号字段的值，而是按递增的规律重新为字段赋值。

（7）是/否：存储布尔型数据（或称为逻辑数据），只有两个取值，如"是"或"否"（Yes/No）、"真"或"假"（True/False）、"开"或"关"（On/Off）。在 Access 中，使用"-1"表示所有"是"值，使用"0"表示所有"否"值。是/否类型的字段占用 1 字节存储空间。

（8）OLE（Object Link And Embedding，对象链接与嵌入）对象：指在其他应用程序中创建的、可链接或嵌入（插入）Access 数据库中的对象，这些对象以文件的形式存在，可以是 Word 文档、Excel 电子表格、图像、音频等。其字段最大占用 1GB 存储空间。

（9）超链接：保存超链接的地址，可以是某个文件的路径 UNC（Universal Naming Convention，通用命名规则）或 URL（Uniform Resource Locator，统一资源定位符）。当单击一个超链接时，Web 浏览器或者 Access 将根据超链接地址到达指定的目标位置。

（10）附件：存储附加到数据库记录中的图像、表格、文档、图表及其他类型的可支持文件。

（11）计算：用于显示计算结果。计算时必须引用同一个表中的其他字段。可以使用表达式生成器来创建计算。

（12）查阅向导：用来查阅其他表中的数据，或者从一个列表中选择的数据。通过查阅向导建立字段数据的列表，在列表中选择需要的数据作为字段的内容。

3.1.2　表的创建方法

Access 2016 中创建表的方法有如下几种。

（1）使用 Access 2016 内置的表"模板"创建表。

（2）使用数据表视图创建表。

（3）使用设计视图创建表。

（4）从 SharePoint 列表导入或链接到 SharePoint 列表的表。也可以使用预定义模板创建新的 SharePoint 列表。

（5）通过导入外部数据来创建表。

下面主要介绍使用数据表视图以及设计视图创建表。

1．使用数据表视图创建表

数据表视图是按行列形式显示表中数据的视图。在此视图下，可进行字段的添加、编辑和删除，也可完成记录的添加、编辑和删除，还可以实现数据的查找和筛选等操作。

【**例 3.1**】 使用数据表视图创建"选课管理系统"数据库中的"课程"表，其结构如表 3-1 所示。

表 3-1 "课程"表的结构

字段名称	数据类型
课程号	短文本
课程名称	短文本
课程属性	短文本
学分	数字
总学时	数字

① 在 Access 2016 主窗口中，打开"创建"功能区，如图 3-1 所示。单击"创建→表格→表"按钮，创建并打开名为"表 1"的新表。

图 3-1 "创建"功能区

② 选中"ID"字段列，打开"表格工具→字段"功能区，如图 3-2 所示。单击"表格工具→字段→属性→名称和标题"按钮，打开"输入字段属性"对话框。

③ 在"输入字段属性"对话框中，修改字段的名称为"课程号"（以创建"课程"表为例），如图 3-3 所示，单击"确定"按钮，返回数据表视图。

图 3-2 "表格工具→字段"功能区　　　图 3-3 "输入字段属性"对话框

④ 在"表格工具→字段→格式"选项组中修改数据类型为"短文本"，如图 3-4 所示。"短文本"默认字段大小为 255，如果需要改变字段大小，可以直接在对应的文本框中输入字段大小值（本例先不做修改）。

⑤ 单击"表 1"中的"单击以添加"后的下拉按钮，在打开的下拉菜单中选择下一字段的数据类型为"短文本"，如图 3-5 所示。将默认字段名称"字段 1"修改为"课程名称"，按"Enter"键确认。

图 3-4　修改数据类型为"短文本"

⑥ 重复第⑤步，按对应字段的数据类型继续添加"课程属性""学分""总学时"3 个字段。

⑦ 单击快速访问工具栏 ＊ 中的"保存"按钮，打开"另存为"对话框，如图 3-6 所示，在"表名称"文本框中输入表的名称"课程"，单击"确定"按钮，完成表的创建。

▶提示

　　单击 Access 2016 窗口左上角快速访问工具栏 中的"保存"按钮，可以保存当前选中的对象。

如果需要输入数据，可以在标有" ＊ "的行中输入。

图 3-5　选择下一字段的数据类型为"短文本"

图 3-6　"另存为"对话框

▶注意

　　ID 字段默认为主键，数据类型默认为"自动编号"。将 ID 字段的数据类型修改为"短文本"类型，后续可根据需求修改"属性"选项组中的"字段大小"的值。

2. 使用设计视图创建表

通过设计视图创建表结构、修改字段数据类型和设置字段属性，比较直接、方便。表的设计视图分为上、下两个部分。上部分用于设置字段的字段名称、数据类型和说明；下部分为字段属性列表，用于完成字段的进一步设置。

【例 3.2】使用设计视图创建"选课管理系统"数据库中的"学生"表，其结构如表 3-2 所示。

使用设计视图
创建表

表 3-2　"学生"表的结构

字段名称	数据类型
学号	短文本
姓名	短文本
性别	短文本
出生日期	日期/时间
入校时间	日期/时间
学院编号	短文本
照片	OLE 对象

① 在 Access 2016 主窗口中，单击"创建→表设计"按钮，将在"表格工具→设计"窗口出现名为"表 1"的新表，并打开设计视图，如图 3-7 所示。

图 3-7 打开设计视图

② 在设计视图中定义表的各个字段，包括字段名称、数据类型和说明，如图 3-8 所示。

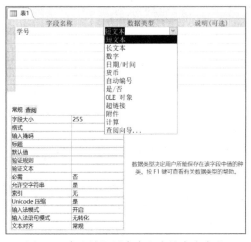

图 3-8 在设计视图中定义表的各个字段

③ 单击"保存"按钮保存表，在弹出的对话框中将表命名为"学生"。

通过以上步骤可以完成表的创建。在保存数据表的时候，如果表中没有定义主键，Access 会弹出消息框，询问用户是否创建主键，如图 3-9 所示。选择"否"，表示不创建主键；选择"是"，则 Access 会自动创建一个自动编号类型的字段并将该字段添加到表的第一列，作为该表的主键。

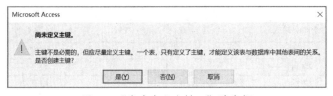

图 3-9 "尚未定义主键。"消息框

主键用以唯一标识表中的一条记录，并起到提高查询和排序速度的作用。在表中添加新记录时，Access 会自动检查新记录的主键值，不允许该值与其他记录的主键值重复。应为每个表设定主键。主键可以由一个或多个字段组成，根据字段数量不同，主键可分为单字段主键或多字段主键。一个表中只能有一个主键；主键的值不可重复，也不可为空（Null）。

定义主键的方法如下。

① 在设计视图中打开相应的表，选择所要定义为主键的一个或多个字段（按住"Ctrl"键，单击要选择的字段）。

② 单击"表格工具→设计→主键"按钮，在选中字段的前面出现小钥匙图标，表示定义主键成功，如图 3-10 所示。再次单击"主键"按钮，小钥匙图标消失，该字段不再为主键。

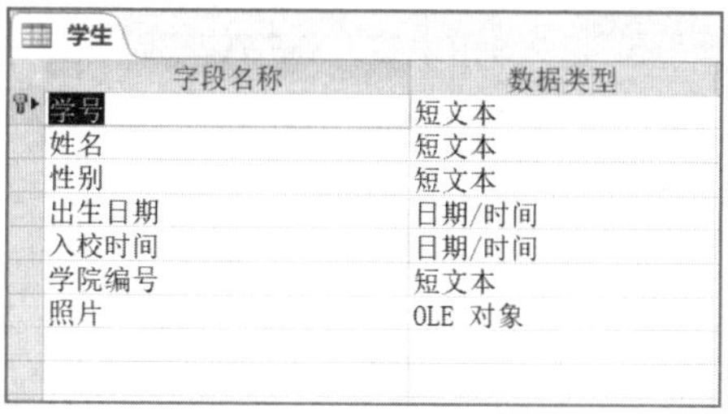

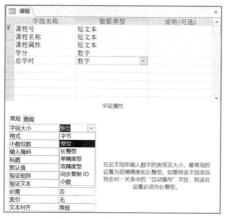

图 3-10   定义主键成功

3.1.3   设置字段属性

字段属性是字段特征的集合，它控制字段的工作方式和表现形式。不同数据类型的字段拥有不同的字段属性。可以在数据表视图的"表格工具→字段→属性"选项组中对字段属性进行简单的设置，更详细的字段属性设置是在表的设计视图的下部分（包含"常规"选项卡和"查阅"选项卡）中完成的。

1. 字段大小

字段大小属性用于限定输入数据的最大长度。当输入数据的长度超过设置的字段大小时，系统会拒绝接收。字段大小属性只适用于数据类型为"短文本""数字""自动编号"的字段。短文本类型的字段大小取值范围为 0～255，默认值为 255；数字类型的字段大小属性包括字节、整型、长整型、单精度型、双精度型、同步复制 ID、小数等；自动编号类型的字段大小属性可设置为长整型和同步复制 ID 两种。短文本类型的字段大小属性可以在数据表视图和设计视图两种视图下设置，数字类型和自动编号类型的字段大小属性只能在设计视图下设置。例如，在设计视图下设置"课程"表中"总学时"字段的字段大小为"整型"，如图 3-11 所示。

图 3-11   字段大小设置

2．格式

格式属性用来设置字段数据在数据表视图、窗体、报表等的界面中显示的样式。不同数据类型的字段，可选择的格式属性也各不相同，如表3-3所示。

表3-3　不同数据类型的字段可选择的格式属性

数据类型	格式属性	示例
日期/时间类型	常规日期	2015/11/12 17:34:23
	长日期	2015 年 11 月 12 日
	中日期	15-11-12
	短日期	2015/11/12
	长时间	17:34:23
	中时间	5:34 下午
	短时间	17:
数字/货币类型	常规数字	3456.789
	货币	¥3,456.79
	欧元	€3,456.79
	固定	3456.79
	标准	3,456.79
	百分比	123.00%
	科学记数	3.46E+03
是/否类型	真/假	True
	是/否	Yes
	开/关	On

例如，设置"学生"表中"出生日期"字段的格式为"短日期"格式，如图3-12（a）所示。

例如，设置"教师"表中"是否结婚"字段的格式为"是/否"格式，如图3-12（b）所示。

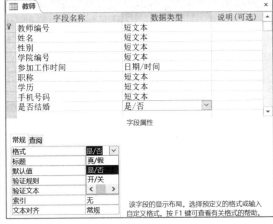

（a）日期/时间类型字段格式设置　　　　　　　（b）是/否类型字段格式设置

图3-12　日期/时间类型和是/否类型字段格式设置

3．小数位数

小数位数属性用于设定货币类型、单精度型、双精度型等数字类型在显示时小数点右边显示的位数，其在格式属性设置为"固定"或"标准"时起作用。

例如，将"选课"表中"平时成绩""期末成绩""总成绩"字段的格式属性设置为"固定"，小数位数属性设置为"2"，如图 3-13（a）所示。此时，"平时成绩""期末成绩""总成绩"字段显示为 2 位小数，如图 3-13（b）所示。

（a）小数位数属性设置   （b）小数位数显示效果

图 3-13　小数位数属性设置及显示效果

4．输入掩码

输入掩码用于定义字段数据的输入样式，以屏蔽非法输入，由字面显示字符和掩码字符组成。输入掩码一般用于输入的数据具有相对固定的格式的情况。例如，电话号码为"022-60600001"，这时可定义一个输入掩码，将格式中相对固定的符号作为格式的一部分，提高输入效率。短文本、数字、日期/时间、货币等数据类型的字段可以定义输入掩码属性。短文本类型和日期/时间类型字段设置输入掩码最简单的方法是使用"输入掩码向导"；数字或货币类型字段，只能使用字符直接定义输入掩码属性。输入掩码属性所用字符如表 3-4 所示。

表 3-4　输入掩码属性所用字符

字符	说明
0	必须输入数字（0~9），不允许输入加号和减号
9	可以输入数字或空格，也可以不输入，不允许输入加号和减号
#	可以输入数字或空格，也可以不输入，允许输入加号和减号
L	必须输入字母
?	可以输入字母或空格，也可以不输入
A	必须输入字母或数字
a	可以输入字母或数字，也可以不输入
&	必须输入任意字符或一个空格
C	可以输入任意字符或一个空格，也可以不输入
．、，、：、；、-、/	小数点占位符及千位分隔符、日期与时间分隔符
<	将所有字符转换为小写形式
>	将所有字符转换为大写形式
\	使后面的字符以字面字符显示（如\A，只显示 A）

【例 3.3】"选课管理系统"数据库中的"学院"表的结构如表 3-5 所示，为表中"联系电话"字段设置输入掩码：前面为"022-"，后面为 8 位数字。

表 3-5　"学院"表的结构

字段名称	数据类型
学院编号	短文本
学院名称	短文本
联系电话	短文本
学院简介	备注

操作步骤如下。

① 在设计视图中打开"学院"表，单击"联系电话"字段行。

② 在"常规"选项卡的"输入掩码"文本框中输入："022-"00000000。

保存表后，在数据表视图中，新记录的"联系电话"字段输入显示为 022-　　　　　。

▶注意

　　格式与输入掩码不同。格式控制字段数据在显示或输出时的样式；输入掩码控制字段数据的输入样式。

5．标题

字段的标题将作为数据表视图、窗体、报表等中的栏目名称。如果没有为字段指定标题，Access 默认用字段名称作为各列的标题。

6．默认值

字段定义默认值后，在添加新记录时，Access 将自动为该字段填入默认值。

例如在"学生"表中，如果男生数量居多，可以将"性别"字段的默认值设置为"男"。

7．验证规则和验证文本

验证规则用于指定对输入本字段的数据的要求，以保证用户输入的数据正确有效。验证规则使用表达式来描述。验证文本用于指定输入数据违反验证规则时的提示信息。这两个属性通常一起使用。

验证规则和
验证文本

【例 3.4】 将"选课管理系统"数据库中的"选课成绩"表中"平时成绩"字段的取值范围设置为 0～100。

① 在设计视图中打开"选课成绩"表，单击"平时成绩"字段行。

② 在"验证规则"文本框中输入表达式：>=0 And <=100。

③ 如图 3-14 所示，在"验证文本"文本框中输入：成绩必须在 0～100 分。

常规 查阅	
字段大小	单精度型
格式	常规数字
小数位数	自动
输入掩码	
标题	
默认值	
验证规则	>0 And <=100
验证文本	成绩必须在0—100分
必需	否
索引	无
文本对齐	常规

图 3-14　验证规则和验证文本设置

④ 保存表。

当输入数据违反验证规则时，提示信息如图 3-15 所示。

图 3-15　提示信息

　　在 Access 中，不仅可以为一个字段定义验证规则，还可以同时为多个字段定义验证规则，这样的规则称为表的有效性规则。

　　【例 3.5】 设置"选课管理系统"数据库中"学生"表中"入校时间">"出生日期"。

　　操作方法如下。在对应数据表的设计视图中，执行"表格工具→设计→显示/隐藏→属性表"命令，打开"属性表"对话框，如图 3-16（a）所示。在"验证规则"行单击右侧 ▦ 按钮，打开"表达式生成器"对话框。在"表达式类别"中先选择"入校时间"字段，然后输入">"符号，再选择"出生日期"字段，如图 3-16（b）所示，单击"确定"按钮，指定验证文本。设置完成的"属性表"对话框如图 3-17 所示。

（a）"属性表"对话框　　　　　　　　　　　（b）"表达式生成器"对话框

图 3-16　"属性表"对话框和"表达式生成器"对话框

图 3-17　设置完成的"属性表"对话框

▶注意

　　为表中一个字段定义验证规则时可以直接在设计视图的"常规"选项卡中进行设置；若同时为多个字段设置验证规则，则必须在设计视图中执行"表格工具→设计→显示/隐藏→属性表"命令，在"属性表"对话框中进行设置。

8. 必需

必需属性只有"是""否"两个值：取值为"是"，表示本字段必须输入值，不允许为空；取值为"否"，表示本字段可以不输入值。

9. 允许空字符串

允许空字符串属性有"是"和"否"两个值，"是"表示字段中可以不输入字符，"否"表示字段中不可以不输入字符。例如，"选课管理系统"数据库中的"学院"表中"学院名称"字段设定为"否"，如图 3-18 所示，表示该字段必须输入字符，不允许为空。

10. 索引

索引用于在大量记录中快速检索数据，提高查询的效率。通常对表中经常需要检索的字段、排序的字段、查询中连接到其他表的字段建立索引。Access 可以创建单字段索引或多字段索引。

（1）创建单字段索引

在设计视图中打开表。单击以选中字段，在"常规"选项卡的"索引"下拉列表中选择"有（有重复）"或"有（无重复）"。

（2）创建多字段索引

在设计视图中打开表。执行"表格工具→设计→显示/隐藏→索引"命令，打开"索引"对话框，如图 3-19 所示，指定索引名称、字段名称、排序次序、索引类型。若要删除索引，只需选择要删除的索引名称，执行"删除"命令即可。

图 3-18　允许空字符串属性设置　　　　　图 3-19　创建多字段索引

11. Unicode 压缩

Unicode 压缩属性用于指定是否允许对文本、备注、超链接类型字段进行 Unicode 压缩（Unicode 将每个字符表示为 2 字节）。

12. 查阅

查阅属性主要用于设置在数据表视图或窗体中显示或输入数据时所用的控件。短文本、数字和是/否类型字段可设置查阅属性。在设计视图下部分的"查阅"选项卡中进行查阅属性设置。下面主要介绍"显示控件""行来源类型""行来源"属性。

（1）显示控件属性用来定义使用何种类型的控件输入该字段的值，下拉列表中显示的控件有"文本框""列表框""组合框"。

（2）行来源类型属性用于定义所提供的数据的来源类型，包括"表/查询""值列表""字段列表"。

（3）行来源属性的设置取决于行来源类型的设置：当行来源类型设置为"表/查询"时，行来源为对应的表、查询或者 SQL 语句；当设置为"值列表"时，行数据来源为以英文分号（;）作为分隔符的数据项列表；当设置为"字段列表"时，数据来自表、查询或者 SQL 语句。

【例 3.6】 设置"选课管理系统"数据库中"教师"表中"职称"字段的查阅属性，使输入"职称"字段的值从列表框的值列表中选择。

① 在设计视图中打开"教师"表，单击"职称"字段行，打开"查阅"选项卡。

② 设置显示控件为"列表框"，行来源类型为"值列表"。

③ 在行来源属性中输入"教授;副教授;讲师;助教"，如图 3-20 所示。

▶注意

　设置查阅属性的行来源属性时，各值之间以英文分号（;）隔开。

保存表后，在数据表视图中"职称"字段输入数据时，会弹出一个下拉列表，选择其中的某个数据项即可完成数据的输入，如图 3-21 所示。

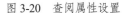

图 3-20　查阅属性设置　　　　图 3-21　输入数据时弹出一个下拉列表

3.2　定义表之间的关系

在 Access 数据库中，两个表之间可以通过同名字段或语义相同的字段建立关系，便于同时查询、显示或输出多个表中的数据。

在创建表之间的关系时，连接字段不一定要有相同的名称，但数据类型必须相同。连接字段在一个表中通常为主键（主关键字）或主索引，同时作为关联表的外键（外部关键字），外键的值应与主键的值相匹配。

3.2.1　创建关系

关系数据库中，表之间存在的关系包括一对一、一对多和多对多 3 种。若连接字段在两个表中均为主键，则两表为一对一关系；若连接字段只在一个表中为主索引，则两表为一对多关系，关系中处于"一"方的表称为主表或者父表，另一方则称为"子表"。

创建关系

【例 3.7】 在"选课管理系统"数据库中建立表之间的关系。

① 打开"选课管理系统"数据库，执行"数据库工具→关系→关系"命令，打开"关系"

窗口。

② 执行"关系工具→设计→关系→显示表"命令，或者在窗口空白处右键单击，在弹出的快捷菜单中选择"显示表"命令，打开"显示表"对话框。

③ 添加要创建关系的数据表，本例为"学生""教师""课程""授课""选课成绩""学院"表。

④ 在"关系"窗口中，将"学生"表中的"学号"字段拖到"选课成绩"表中的"学号"字段上，弹出图 3-22 所示的"编辑关系"对话框。

图 3-22 "编辑关系"对话框

⑤ 勾选"实施参照完整性"复选框，单击"确定"按钮，完成创建。在"关系"窗口中可以看到，"学生"表和"选课成绩"表之间出现一条关系的连接线（后称关系线），数字"1"对应关系中的"一"方，"∞"对应关系中的"多"方，如图 3-23 所示。

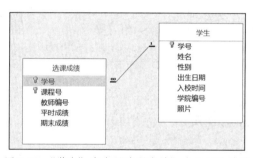

图 3-23 "学生"表和"选课成绩"表之间的关系

⑥ 按照上述方法，创建其他表之间的关系，结果如图 3-24 所示。

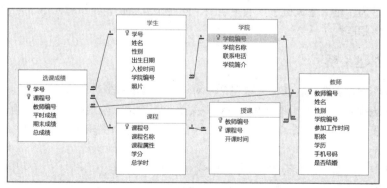

图 3-24 创建其他表之间的关系的结果

3.2.2 实施参照完整性

在“编辑关系”对话框中勾选“实施参照完整性”复选框，可以设置两个表之间的参照引用规则。实施参照完整性规则后，在向表中输入数据或更新表中数据时，要求子表中的相关数据必须是主表中的某个主键值，否则就会违反参照完整性规则，系统不予接收。

勾选“实施参照完整性”复选框后，还可以勾选下面的两个级联复选框。

（1）级联更新相关字段

若勾选此复选框，则更改主表的主键值时，会自动更改子表中的对应数据。

（2）级联删除相关字段

若勾选此复选框，则删除主表中的记录时，会自动删除子表中的相关记录。

例如，在“选课管理系统”数据库中，执行“数据库工具→关系→关系”命令后，编辑已经建立的“学院”表与“教师”表之间的关系以及“学院”表与“学生”表之间的关系。例如，勾选“级联更新相关字段”“级联删除相关记录”复选框，如图 3-25 所示。

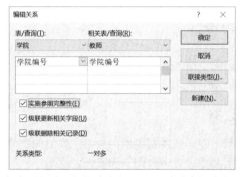

图 3-25　勾选“级联更新相关字段”“级联删除相关字段”复选框

如果将主表“学院”表中“外国语学院”的主键“学院编号”原来的“0013”值修改为“1013”，如图 3-26 所示，则在子表“教师”表中，所有为“0013”的“学院编号”值更新为“1013”，如图 3-27 所示。

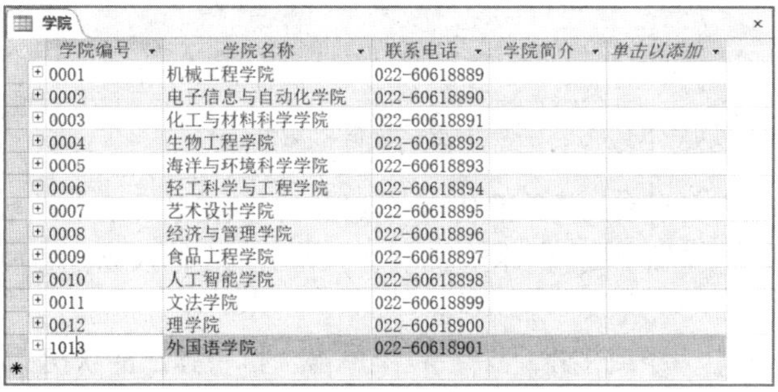

学院编号	学院名称	联系电话	学院简介	单击以添加
0001	机械工程学院	022-60618889		
0002	电子信息与自动化学院	022-60618890		
0003	化工与材料科学学院	022-60618891		
0004	生物工程学院	022-60618892		
0005	海洋与环境科学学院	022-60618893		
0006	轻工科学与工程学院	022-60618894		
0007	艺术设计学院	022-60618895		
0008	经济与管理学院	022-60618896		
0009	食品工程学院	022-60618897		
0010	人工智能学院	022-60618898		
0011	文法学院	022-60618899		
0012	理学院	022-60618900		
1013	外国语学院	022-60618901		

图 3-26　修改主表中的主键值

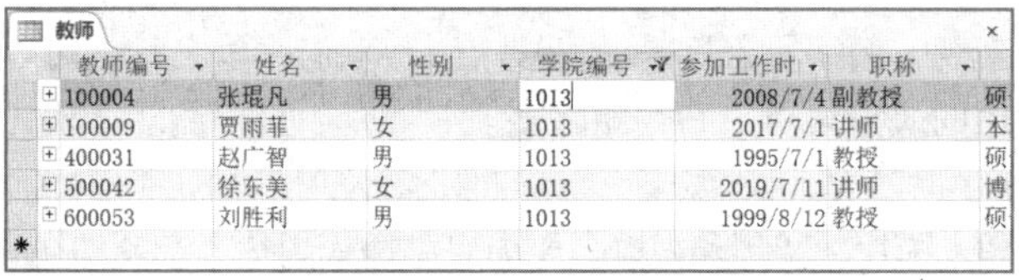

教师编号	姓名	性别	学院编号	参加工作时	职称	
100004	张琨凡	男	1013	2008/7/4	副教授	硕
100009	贾雨菲	女	1013	2017/7/1	讲师	本
400031	赵广智	男	1013	1995/7/1	教授	硕
500042	徐东美	女	1013	2019/7/11	讲师	博
600053	刘胜利	男	1013	1999/8/12	教授	硕

图 3-27　子表中的对应字段值的变化

若删除主表中某条记录，则子表中的相关记录也会自动删除。

3.2.3 编辑关系

定义数据表之间的关系后，还可以对关系进行编辑，如修改、删除等。

1．修改关系

若要修改表之间的关系，必须先关闭所有表，已打开表之间的关系是无法进行修改的。执行"数据库工具→关系→关系"命令，打开"关系"窗口，双击要编辑的关系线，或者选中要修改的关系线并右键单击，在弹出的快捷菜单中选择"编辑关系"命令，打开"编辑关系"对话框，然后重新设置关系选项。

2．删除关系

在"关系"窗口中，单击要删除的关系线，此时关系线变粗，表示被选中，按"Delete"键，即可删除相应关系；或者右键单击选中的关系线，在弹出的快捷菜单中选择"删除"命令，同样能完成关系的删除操作。

3.3 表中数据的操作

创建数据表之后，可以向表中输入或导入数据，也可以从表中导出数据，还可以通过排序、筛选等操作对表进行基本的数据分析。

3.3.1 输入和修改数据

在 Access 2016 窗口，双击表，或者右键单击表，在弹出的快捷菜单中选择"打开"命令，打开表的数据表视图，可输入和修改表中数据，如图 3-28 所示。

	学号	姓名	性别	出生日期	入校时间	学院编号	照片	单击以添加
⊞	21090109	肖翼飞	男	2003/5/1	2021/9/5	0009		
⊞	21100110	田俊	男	2003/7/19	2021/9/5	0010		
⊞	21100111	张艺敏	女	2003/9/29	2021/9/5	0010		
⊞	21110111	戴皓然	男	2002/10/28	2021/9/5	0011		
⊞	21110112	王恬缇	女	2002/11/23	2021/9/5	0011		
⊞	21120112	龚彬彬	男	2002/12/1	2021/9/5	0012		
⊞	21120113	孟颜仪	女	2003/3/24	2021/9/5	0012		
⊞	21130210	薛锦葵	女	2001/11/25	2021/9/5	0013		
⊞	21130213	谭宓	男	2003/5/30	2021/9/5	0013		

图 3-28　数据表视图

（1）输入、编辑数据。在表的空行准备输入数据时，该记录的选定器上显示星号＊；当开始输入数据时，该记录的选定器上则显示铅笔符号🖉，表示正在输入或者编辑记录，同时在表的最后会自动增加一个空行。

（2）删除记录。选中一条或多条记录，右键单击，执行弹出的快捷菜单中的"删除记录"命令。

（3）插入、删除和移动字段。右键单击列标题，执行弹出的快捷菜单中的"插入字段"命令，可以在该列前插入一新列，新字段名称是"字段 1"。双击字段名称，可以修改字段名称。右键单击列标题，执行弹出的快捷菜单中的"删除字段"命令，可以删除字段。拖动列标题，可以调整字段位置。

（4）在数据表中插入图片、音频和视频。要向表中插入图片、音频和视频等数据，必须将该字段定义为 OLE 对象类型的字段。选中一条记录的 OLE 对象类型的字段，右键单击，执行弹出的快捷菜单中的"插入对象"命令，打开"插入对象"窗口，选择对象类型、文件名或者新建对象。

如果在已有的数据表中增加一个计算类型的字段，则计算结果将保存在该类型的字段中。

【例 3.8】 在"选课管理系统"数据库的"选课成绩"表中增加一个字段名称为"总成绩"的计算类型的字段，计算表达式为：总成绩=平时成绩×0.4+期末成绩×0.6。

① 以设计视图打开"选课管理系统"数据库的"选课成绩"表。

② 增加"总成绩"字段，数据类型选择"计算"，此时会弹出"表达式生成器"对话框。

③ 在"表达式类别"中双击"平时成绩"，此时上方的文本框中出现"[平时成绩]"，然后在其后面输入"*0.4+"，再在"表达式类别"中双击"期末成绩"，然后在"[期末成绩]"后面输入"*0.6"，如图 3-29 所示。

图 3-29　输入计算表达式

④ 单击"确定"按钮返回设计视图，在下部分的"常规"选项卡中，设置"结果类型"为"整型"，如图 3-30 所示。

常规 查阅	
表达式	[平时成绩]*0.4+[期末成绩]*0.6
结果类型	整型
格式	
小数位数	自动
标题	
文本对齐	常规

图 3-30　设置"结果类型"为"整型"

⑤ 切换至"数据表视图"，数据表中显示增加"总成绩"后的结果，如图 3-31 所示。

学号	课程号	教师编号	平时成绩	期末成绩	总成绩	单击以添
20010312	1000000141	100006	94	88	90.4	
20010313	1000000141	100006	80	58	66.8	
20010314	1000000141	100006	75	68	70.8	
20020114	1000000141	100006	87	93	90.6	
20030115	1000000141	100006	76	58	66.4	
20070120	1000000041	500046	99	91	94.2	
20080121	1000000042	500047	94	85	88.6	
20090122	1000000043	500048	98	61	75.8	
20100103	1000000141	100006	82	66	72.4	

记录: ◄ 第 1 项(共 70 项) ► ►► ►*　 无筛选器　搜 ◄

图 3-31　增加"总成绩"后的结果

3.3.2 数据的导入、导出

在 Access 中，通过数据的导入、导出可以实现与其他应用程序间数据的共享。将外部数据迁移到 Access 数据库中称为数据导入；将 Access 数据库中的数据输出为某种格式的外部数据称为数据导出。

1. 数据导入

数据导入即从外部获取数据形成数据库中的数据表对象。Access 2016 可以导入多种数据类型的文件，如 Access 数据库文件、Excel 电子表格文件、ODBC（Open DataBase Connectivity，开放式数据库互连）数据库文件、文本文件、XML（eXtensible Markup Language，可扩展标记语言）文件、SharePoint 列表文件等。

外部数据导入 Access 的存储方式有 3 种：建立一个新表、添加到现有表、链接表。下面通过一个示例来讲述如何将 Excel 文件中的数据导入数据库的现有表中。其他类型文件的数据导入方式就不赘述了。

【例 3.9】已经建立包含"学生"工作表的 Excel 文件。将"学生"工作表中的数据导入"选课管理系统"数据库的"学生"表中。

① 打开"选课管理系统"数据库，执行"外部数据→导入并链接→Excel"命令，打开"获取外部数据-Excel 电子表格"对话框。

② 在该对话框中，单击"浏览"按钮，在弹出的对话框中选中要导入的 Excel 文件，指定数据在当前数据库中的存储方式和存储位置时选择"向表中追加一份记录的副本"，并从右侧的下拉列表中选择"学生"表，如图 3-32 所示。

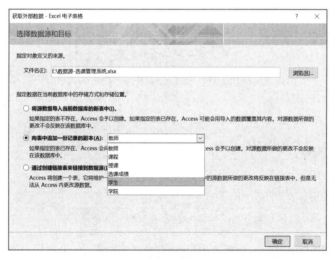

图 3-32 选择数据源和目标

③ 单击"确定"按钮，打开"导入数据表向导"第一个对话框。从列表框中选择"学生"工作表，如图 3-33 所示。

④ 单击"下一步"按钮，进入"导入数据表向导"第二个对话框。在该对话框中可将 Excel 工作表中的列标题作为数据表的字段名称，如图 3-34 所示。

⑤ 单击"下一步"按钮，进入"导入数据表向导"最后一个对话框，如图 3-35 所示。确定"导入到表"文本框中为"学生"后，单击"完成"按钮。此时会弹出"获取外部数据-Excel 电子表格"对话框"保存导入步骤"界面，取消勾选"保存导入步骤"复选框，如图 3-36 所示，单击"关闭"按钮，完成数据导入。

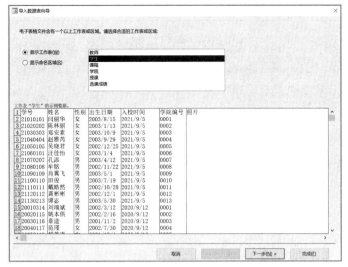

图 3-33 "导入数据表向导"第一个对话框

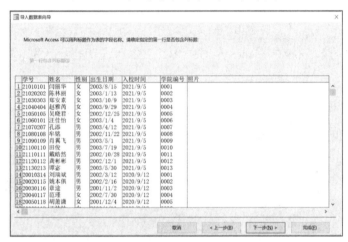

图 3-34 "导入数据表向导"第二个对话框

图 3-35 "导入数据表向导"最后一个对话框

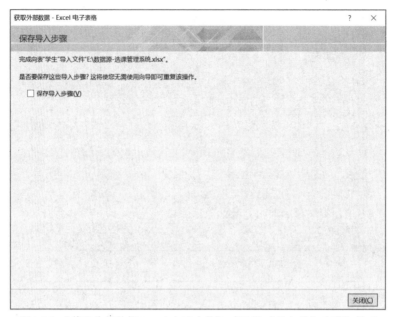

图 3-36 "获取外部数据-Excel 电子表格"对话框"保存导入步骤"界面

2. 数据导出

Access 2016 数据表中的数据可导出为各种类型的文件。在"外部数据→导出"选项组中可以选择要导出的文件类型，如图 3-37 所示。只要先选中要导出数据的数据表，然后选择导出文件类型，在弹出的对话框中选择保存文件的位置，即可完成数据导出。

图 3-37 "外部数据→导出"选项组

3.3.3 记录排序

Access 表中的记录，通常是按输入时的顺序排列的。若需要按照某种特殊顺序查看或分析数据，就需要对表中的记录重新进行排序。

基于一个字段或者多个相邻字段的数据进行排序时，可直接使用功能区中的"升序"或"降序"按钮来实现快速排序。对多个相邻字段的数据进行排序时，每个字段会按照同样的方式排序，并且从左到右依次为主要排序字段、次要排序字段等。

【例 3.10】 将"选课管理系统"数据库"学生"表中的记录按性别和出生日期升序排序。

① 用数据表视图打开"学生"表。

② 同时选中"性别""出生日期"两列数据。

③ 执行"开始→排序和筛选→升序"命令，即可完成排序。

从图 3-38 所示的排序结果可以看出，排序时先按左侧的"性别"字段进行升序排序，然后在性别相同的记录中按"出生日期"进行升序排序。

学号	姓名	性别	出生日期	入校时间	学院编号	照片
⊞ 21120112	龚彬彬	男	2002/12/1	2021/9/5	0012	
⊞ 21040405	刘希哲	男	2002/12/26	2021/9/5	0004	
⊞ 21020203	李一斌	男	2003/1/14	2021/9/5	0002	
⊞ 21070207	孔添	男	2003/4/12	2021/9/5	0007	
⊞ 21050106	金忠	男	2003/4/17	2021/9/5	0005	
⊞ 21090109	肖翼飞	男	2003/5/1	2021/9/5	0009	
⊞ 21030304	章智志	男	2003/5/11	2021/9/5	0003	
⊞ 21130213	谭宓	男	2003/5/30	2021/9/5	0013	
⊞ 21060102	吴晶岑	男	2003/6/8	2021/9/5	0006	
⊞ 21100110	田俊	男	2003/7/19	2021/9/5	0010	
⊞ 21090108	李海皓	男	2003/8/5	2021/9/5	0009	
⊞ 21070208	肖光耀	男	2003/8/15	2021/9/5	0007	
⊞ 20110125	王颜	女	2001/9/10	2020/9/12	0011	
⊞ 20030114	李敏茹	女	2001/9/11	2020/9/12	0003	
⊞ 20090122	陈霞	女	2001/10/28	2020/9/12	0009	
⊞ 20010312	余馨懿	女	2001/10/28	2020/9/12	0001	
⊞ 20100123	龚斐宓	女	2001/11/9	2020/9/12	0010	
⊞ 21130210	薛锦葵	女	2001/11/25	2021/9/5	0013	
⊞ 20020114	杨乐和	女	2001/11/27	2020/9/12	0002	
⊞ 20050118	胡萧潇	女	2001/12/4	2020/9/12	0005	
⊞ 20040115	王辰伊	女	2001/12/12	2020/9/12	0004	
⊞ 20030115	顾凡舫	女	2002/2/2	2020/9/12	0003	
⊞ 20020113	郭聪芝	女	2002/2/16	2020/9/12	0002	

图 3-38　多个相邻字段的数据的排序结果

若要对表中多个不相邻字段的数据同时进行排序，可使用高级排序。

【例 3.11】 对"选课管理系统"数据库"教师"表中的记录先按学历降序排序，再按参加工作时间升序排序。

① 用数据表视图打开"教师"表。

② 在"开始"功能区的"排序和筛选"选项组中选择"高级"，从弹出的下拉列表中选择"高级筛选/排序"，打开图 3-39 所示的具有上、下两个部分的高级筛选/排序窗口。

③ 在窗口下部"字段"行的第一列右侧的下拉列表中选择"学历"字段，"排序"行对应列的下拉列表中选择"降序"；在"字段"行的第二列右侧的下拉列表中选择"参加工作时间"，"排序"行对应列的下拉列表中选择"升序"，如图 3-40 所示。设置排序字段的方式还可以是双击窗口上部数据表中的相应字段，或者直接将表中字段拖曳到窗口下部对应的"字段"行位置。

图 3-39　高级筛选/排序窗口

图 3-40　设置排序字段和排序方式

▶注意

若要删除某个排序字段，可将鼠标指针移到该列上方，在鼠标指针变为下箭头形状时单击，然后按"Delete"键。

④ 在"开始"功能区的"排序和筛选"选项组中单击"切换筛选"按钮，就能查看排序结果，如图 3-41 所示。

教师编号	姓名	性别	学院编号	参加工作时	职称	学历	手机号码	是否结婚
700061	姜笑	女	0001	1990/8/30	教授	硕士	139110099**	✓
400031	赵广智	男	0013	1995/7/1	教授	硕士	187023770**	✓
600056	满郡	男	0005	1995/7/8	副教授	硕士	198011234**	✓
400033	姜天翼	男	0004	1995/8/12	教授	硕士	157001238**	✓
600054	李光明	男	0003	1996/7/1	副教授	硕士	151123456**	✓
600055	杨聪琮	男	0004	1997/7/24	副教授	硕士	152123411**	✓
100006	胡芳方	女	0010	1997/12/16	副教授	硕士	185876543**	✓
600059	王乐天	男	0008	1998/7/1	教授	硕士	195217809**	✓
600057	肖波	男	0006	1998/7/2	副教授	硕士	134125690**	✓
300028	林斌	男	0010	1998/7/20	副教授	硕士	136456239**	✓
400032	陈毅明	男	0003	1998/12/15	教授	硕士	185876213**	✓
100005	林丽	女	0010	1999/7/8	副教授	硕士	187023450**	✓
600053	刘胜利	男	0013	1999/8/12	教授	硕士	142123456**	✓
300029	周州	男	0011	1999/9/29	副教授	硕士	155366776**	✓
300030	王翔煜	男	0012	1999/12/15	副教授	硕士	199123547**	✓
100002	蒋丛	男	0011	2000/7/1	副教授	硕士	136456789**	✓
200017	时塞	男	0004	2001/9/17	讲师	硕士	199123456**	✓
100003	吴雨宵	男	0012	2002/3/5	副教授	硕士	155366666**	✓

图 3-41　排序结果

单击"开始"功能区的"排序和筛选"选项组中的"取消排序"按钮，可以取消设置的排序。

3.3.4　记录筛选

所谓筛选就是只显示满足指定条件的记录，将表中不满足条件的记录隐藏起来。Access 2016 提供多种筛选记录的方法。

记录筛选

1．筛选器

将表以数据表视图打开后，即可激活筛选器。Access 2016 中，除了 OLE 对象和附件类型字段外，其他类型的字段都可以使用筛选器。

【例 3.12】　在"学生"表中筛选出男生的记录。

① 用数据表视图打开"学生"表。

② 单击"性别"字段的任意一个单元格。

③ 执行"开始→排序和筛选→筛选器"命令，或者单击"性别"字段名称右侧的下拉按钮，弹出图 3-42 所示的下拉列表。

图 3-42　设置筛选条件

④ 取消勾选"(全选)"复选框，再勾选"男"复选框，单击"确定"按钮，即可显示筛选结果。

筛选器中显示的筛选选项取决于所选字段的数据类型和字段值。如果选定字段为"短文本"类型，对应的是"文本筛选器"，如图3-43所示。选定字段数据类型为"日期/时间"类型，对应的是"日期筛选器"，如图3-44所示。选定字段为"数字"类型，对应的是"数字筛选器"，如图3-45所示。不管哪种筛选器，若筛选的是特定值，勾选对应复选框即可；如果有其他筛选条件，根据需要选择相应的选项即可。

图3-43　文本筛选器

图3-44　日期筛选器

图3-45　数字筛选器

2．按选定内容筛选

按选定内容筛选就是将当前光标所在位置的内容作为条件进行筛选。

【例3.13】在"教师"表中筛选出职称为"教授"的记录。

① 用数据表视图打开"教师"表。

② 将光标定位在"职称"字段值为"教授"的单元格上。

③ 执行"开始→排序和筛选→选择"命令，在弹出的下拉列表中选择"等于'教授'"，如图3-46所示，即可完成筛选。

定位字段的数据类型不同，"选择"下拉列表中的选项也会不同。对于短文本类型的字段，筛选选项有"等于""不等于""包含""不包含"等；对于数字类型的字段，筛选选项有"等于""不等于""小于""大于""介于"；对于日期/时间类型的字段，筛选选项有"等于""不等于"

图3-46　选择筛选选项

"之前""之后""介于"等。根据条件需要，选择合适的筛选选项进行筛选即可。

3．按窗体筛选

如果要对多个字段指定筛选条件，可以使用按窗体筛选。按窗体筛选时，各筛选条件之间可以是相"与"的关系，也可以是相"或"的关系。因此，在执行按窗体筛选时应首先分析各筛选条件之间的关系。

【例3.14】 在"教师"表中筛选出"学历"为博士的女性教师记录。

分析：筛选条件有两个，分别对应"学历"字段和"性别"字段，且两个筛选条件需要同时满足，因此是相"与"的关系。

操作步骤如下。

① 用数据表视图打开"教师"表。

② 执行"开始→排序和筛选→高级"命令，从下拉列表中选择"按窗体筛选"，打开图3-47所示的窗口。

图 3-47 按窗体筛选窗口

③ 单击"性别"字段，从下拉列表中选择"女"。

④ 单击"学历"字段，从下拉列表中选择"博士"。这样就表示"学历"字段的条件与"性别"字段的条件是需要同时满足的。

⑤ 执行"开始→排序和筛选→切换筛选"命令，可以看到筛选结果。

若筛选条件之间是相"或"的关系，则只需单击窗口下方的"或"标签，再进行条件设置。

4．高级筛选

如果筛选条件来自多个字段，且条件设置相对复杂，譬如需要使用表达式来表述条件等，可以使用高级筛选。高级筛选还可以对筛选结果进行排序。

【例3.15】 在"学生"表中筛选出2002年出生的男同学，并按"学号"降序排序。

① 用数据表视图打开"学生"表。

② 执行"开始→排序和筛选→高级"命令，从下拉列表中选择"高级筛选/排序"，打开高级筛选/排序窗口。

③ 在窗口上部的"学生"表中，分别双击"性别""出生日期""学号"字段，将其添加到窗口下部"字段"行上。

④ 在"性别"字段的"条件"单元格中输入条件："男"。

因为本例涉及的两个条件是需要同时满足的，即它们之间是相"与"的关系，因此，"出生日期"字段的条件需要与"性别"字段的条件填写在同一行上。

▶注意

　若条件之间是相"或"的关系，条件应填写在不同的行上。

⑤ 在"出生日期"字段的"条件"单元格中输入条件：>=#2002-1-1# And <=#2002-12-31#。

说明："男"是Access中字符常量的表示方式；>=#2002-1-1# And <=#2002-12-31#是日期常量的表示方式。

⑥ 在"学号"字段的"排序"单元格中，从下拉列表中选择"降序"，如图3-48所示。

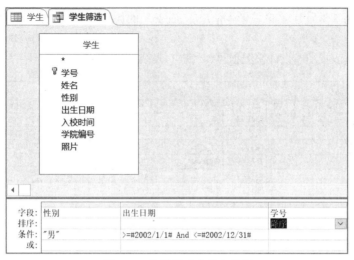

图3-48　设置筛选条件和排序

⑦ 执行"开始→排序和筛选→切换筛选"命令，筛选结果如图3-49所示。

学号	姓名	性别	出生日期	入校时间	学院编号	照片
21120112	龚彬彬	男	2002/12/1	2021/9/5	0012	
21110111	戴皓然	男	2002/10/28	2021/9/5	0011	
21080109	满小俊	男	2002/11/20	2021/9/5	0008	
21080108	牟铭	男	2002/11/22	2021/9/5	0008	
21040405	刘希哲	男	2002/12/26	2021/9/5	0004	
21010102	陈澈	男	2002/11/13	2021/9/5	0001	
20130102	于煜斐	男	2002/6/8	2020/9/12	0013	
20070102	沈鑫毅	男	2002/3/12	2020/9/12	0007	
20060118	姚博闻	男	2002/8/1	2020/9/12	0006	
20050117	范谊	男	2002/5/30	2020/9/12	0005	
20020115	姚本俱	男	2002/2/16	2020/9/12	0002	
20010314	刘瑞斌	男	2002/3/12	2020/9/12	0001	

图3-49　筛选结果

5. 清除筛选

清除筛选是指将数据恢复到筛选之前的状态。可以通过单击"切换筛选"按钮或执行"高级"的下拉列表中的"清除所有筛选器"命令来清除筛选。

实验

一、实验目的

（1）熟悉和掌握表的建立和维护方法。

（2）掌握表中字段属性的定义和修改方法。

（3）掌握表之间关系的创建和编辑方法。

（4）掌握表格式的设置和调整方法。

（5）掌握表的排序和筛选方法。

二、实验内容

（1）创建名为"学号姓名-高校学生信息库.accdb"的数据库文件，该文件用于管理高校学生的相关信息。

（2）使用数据表视图和设计视图创建 5 个表，表结构如图 3-50 所示。

学生信息			
字段名称	数据类型	字段大小	是否主键
学号	短文本	8	是
姓名	短文本	10	
出生日期	日期/时间		
性别	短文本	1	
籍贯	短文本	10	
民族	短文本	10	
所属学院	短文本	20	
照片	OLE对象		
奖惩	短文本	20	
总学分绩	数字	双精度型	
专业排名	数字	整型	

课程			
字段名称	数据类型	字段大小	是否主键
课程号	短文本	10	是
课程名称	短文本	20	
课程教材	短文本	30	
开课院系	短文本	20	
授课教师	短文本	10	
课程学分	数字	整型	
开课否	是/否		
考核类型	短文本	10	

选课成绩			
字段名称	数据类型	字段大小	是否主键
课程号	短文本	10	是
课程名称	短文本	20	
学号	短文本	8	是
期末成绩	数字	双精度型	
平时成绩	数字	双精度型	
获得学分	数字	整型	

社团竞赛			
字段名称	数据类型	字段大小	是否主键
学号	短文本	8	是
活动编号	短文本	10	是
活动名称	短文本	20	
社团名称	短文本	20	
社团活动主要内容	长文本		
开始时间	日期/时间		
结束时间	日期/时间		
成绩考评	短文本	10	
综合绩点分数	数字	双精度型	
是否获得分数	是/否		
从事角色	短文本	10	

志愿服务			
字段名称	数据类型	字段大小	是否主键
学号	短文本	10	是
志愿服务编号	短文本	10	是
志愿服务名称	短文本	20	
志愿服务主要内容	长文本		
开始时间	日期/时间		
结束时间	日期/时间		
志愿服务考评	短文本	10	
综合绩点分数	数字	双精度型	
是否获得分数	是/否		

图 3-50　表结构

（3）按以下要求修改相关表。

① 将"学生信息"表中的"民族"字段的字段大小属性改为 8。

② 将"学生信息""社团竞赛""志愿服务"表中数据类型为"日期/时间"的字段的格式属性设置为"长日期"，并将其输入掩码设置为"短日期"。

③ 将"选课成绩"表中的"期末成绩"字段和"平时成绩"字段的验证规则均设置为">=0 And <=100"，并设置验证文本为"请输入 0～100 的数据！"。

④ 在"志愿服务"表中设置验证规则为"[开始时间]<[结束时间]"，并设置验证文本为"服务的结束时间必须大于开始时间"。

⑤ 将"课程"表中的"开课院系"字段的默认值属性设置为"人工智能学院"。

⑥ 将"选课成绩"表中的"课程名称"字段的标题属性设置为"选课名称"。

⑦ 在"选课成绩"表中增加"总成绩"字段，计算表达式为"[期末成绩]*0.4+[平时成绩]*0.6"，计算结果的类型为"小数"，格式为"固定"，小数位数为"1"。

⑧ 为"学生信息"表设置"有（有重复）"索引，索引字段为"出生日期"。

⑨ 为"社团竞赛"表设置多字段索引，索引名称为"社团活动"，索引字段包括"学号""活动编号""活动名称""社团名称"，除"活动编号"字段使用降序排序外，其余字段使用升序排序。

⑩ 为"社团竞赛"表中的"从事角色"字段设置查阅属性，显示控件为"组合框"，行来源类型为"值列表"，行来源为"第一完成人;普通参与人;组织者;协作者;评审员"。

（4）定义 5 个表之间的关系，注意设置参照完整性，如图 3-51 所示。

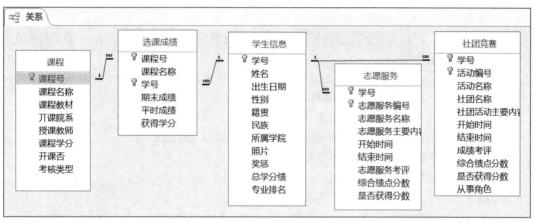

图 3-51　关系

（5）向 5 个表中分别输入两行数据，数据可自行拟定。

（6）将 Excel 文件（原始数据.xlsx）对应工作表中的数据导入库中已有数据表。

（7）按以下要求，对相关表进行操作。

① 将"课程"表按"课程学分"降序排序，并显示排序结果。

② 将"学生信息"表先按"所属学院"降序排序，再按"出生日期"升序排序，并显示排序结果。

③ 使用筛选器筛选出"志愿服务"表中"志愿服务考评"为优秀的记录。

④ 使用按窗体筛选，将"社团竞赛"表中"从事角色"为第一完成人并获得分数的记录筛选出来。

⑤ 使用高级筛选，筛选出"志愿服务"表中"志愿服务名称"为"灾害防控志愿者"且"志愿服务考评"为优秀的记录，并按"学号"升序排序。

习题

单项选择题

1. 以下选项中，（　　）不属于 Access 数据类型。

　　A. 文本　　　　　　B. 计算　　　　　　C. 附件　　　　　　D. 通用

2. 以下选项中，（　　）符合 Access 字段命名规则。

　　A. [^hello^]　　　B. 生日　　　　　　C. m.Had　　　　　D. a!

3. 要将声音文件存入数据表的字段中，该字段的数据类型应该是（　　）。

　　A. OLE 对象　　　B. 超级链接　　　　C. 查阅向导　　　　D. 自动编号

4. 以下对 Access 中关键字的描述中，错误的是（　　　）。

    A. 关键字取值非空　　　　　　　　　B. 关键字取值不能重复

    C. 关键字只能为一个字段　　　　　　D. 关键字可以是自动编号类型

5. 在 Access 中设计表时，应注意（　　　）。

    A. 主键只能是一个字段　　　　　　　B. 表中不能包括重复数据

    C. 表中的数据不能复制　　　　　　　D. 其他选项都不对

6. 可以输入数字或空格，也可以不输入的输入掩码是（　　　）。

    A. 0　　　　　　　　B. X　　　　　　　　C. @　　　　　　　　D. 9

7. 若"分数"字段为数字类型的字段，通过有效性规则设定取值范围为 0～100（包含 0 和 100），则正确的写法是（　　　）。

    A. >=0 Or <=100　　　B. >0 And <100　　　C. 0-100　　　D. Between 0 And 100

8. 关于设置字段的默认值，正确的说法是（　　　）。

    A. 只能在"性别"字段设置默认值

    B. 默认值设定后，在数据表视图增加新记录时会自动赋值

    C. 默认值不能在设计视图下设置

    D. 默认值需要通过计算获得

9. 属于 Access 可导入的数据源的是（　　　）。

    A. Access 数据库　　　B. Excel 表格　　　C. XML 文件　　　D. 所有选项都正确

10. Access 中，以下关于 Null 值的描述中，正确的是（　　　）。

    A. Null 值等同于空字符串　　　　　　B. Null 值等同于数值 0

    C. Null 值表示字段值未知　　　　　　D. Null 值的长度为 0

11. 已知"销售情况"表包括"销售金额"字段，建立"提成"字段并将该字段设置为计算字段，计算表达式为[销售金额]* 0.1，则正确的说法是（　　　）。

    A. "提成"字段的字段属性中可以设置默认值

    B. "提成"字段的字段属性中可以设置固定值

    C. "提成"字段的字段属性中可以设置格式

    D. "提成"字段的字段属性中可以设置有效性规则

12. 已知表间关系如图 3-52 所示，则正确的说法是（　　　）。

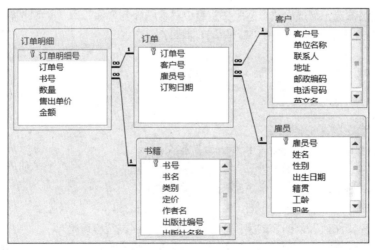

图 3-52　关系

A. "订单明细"表和"订单"表是一对一关系

B. 没有任何两个表是一对一关系

C. "书籍"表和"客户"表是一对一关系

D. "客户"表和"雇员"表是主表和子表关系

13. 关于按窗体筛选，不正确的说法是（   ）。

A. 按窗体筛选时，Access 将数据表变成一条记录

B. 按窗体筛选时，数据表每个字段是一个下拉列表

C. 只能从某一个下拉列表中选取一个值作为筛选内容

D. 无法确定两个字段值之间的关系

第4章 查询

查询是 DBMS 处理和分析数据的工具，用户可以从多个表中将数据抽取出来进行查看、统计和加工等操作。本章主要介绍查询的概念和功能，以及各类查询的创建和使用。

4.1 查询概述

查询是指按照一定的条件或要求检索或操作数据库中的数据。查询的数据来源可以是表或其他查询。查询可以按照不同的方式查看、更改和分析数据，也可以作为其他查询、窗体、报表或数据访问页的数据源。

在 Access 2016 中，查询是一个重要的对象。查询只记录该查询的方式，包括查询条件、执行的动作（如插入、删除和修改等）。因此，查询对象是操作的集合而非数据的集合。当运行查询时，系统会根据数据源的不同而产生不同的查询结果。一旦关闭查询，该查询的结果便不复存在。

Access 2016 中的查询分为 5 类：选择查询、交叉表查询、参数查询、操作查询和 SQL 查询。

4.2 选择查询

选择查询是最常用的查询类型。选择查询可以对一个或多个表中的数据进行检索、统计、排序等操作，也可以利用查询条件，对记录进行分组，并进行求和、计数、求平均值等运算。选择查询不会更改表中的数据。

创建选择查询的方法有两种：一种是使用查询向导，另一种是使用查询设计视图。

4.2.1 使用查询向导

使用查询向导来创建选择查询相对比较简单，用户可以在查询向导的指引下一步步地完成创建。但使用查询向导创建选择查询时不能设置查询条件。

Access 2016 提供了 4 种查询向导帮助用户快速创建选择查询，这里介绍其中的 3 种，交叉表查询向导将在 4.4 节中介绍。

1. 简单查询向导

简单查询向导可以从一个或多个表或查询中选择要显示的字段。若查询字段来自多个表，则要求这些表之间建立应有的关系。

【例 4.1】在"选课管理系统"数据库中查找"教师"表中的记录，并显示"姓名""性别""职称""学历"字段信息。

① 打开"选课管理系统"数据库，执行"创建→查询→查询向导"命令，在"新建查询"对话框中选择"简单查询向导"，如图 4-1 所示，单击"确定"按钮，打开"简单查询向导"对话框。

图 4-1 "新建查询"对话框

② 在"简单查询向导"对话框的"表/查询"下拉列表中选择"表:教师",在"可用字段"列表框中会列出"教师"表的所有可用字段。依次双击"姓名""性别""职称""学历"字段,将其加入"选定字段"列表框中,如图 4-2 所示。

图 4-2 选定字段

③ 单击"下一步"按钮,将查询标题指定为"教师简单查询",如图 4-3 所示。系统默认选中"打开查询查看信息"单选按钮。

图 4-3 指定查询标题

④ 单击"完成"按钮，显示查询结果，如图 4-4 所示。

当创建完一个查询后，在 Access 2016 主窗口左侧的查询对象栏里可以看到刚刚指定查询标题的查询对象，如图 4-5 所示。

图 4-4　查询结果　　　　　　　　　　图 4-5　查询对象栏

2．查找重复项查询向导

若要在一个表或查询中查找具有重复字段值的记录，可以使用查找重复项查询向导。

【例 4.2】使用"查找重复项查询向导"，查找"选课管理系统"数据库的"学生"表中是否有同年同月同日生的学生记录，如果有，显示"出生日期""学号""姓名""性别"字段信息，将查询标题指定为"同年同月同日生查询"。

① 打开"选课管理系统"数据库，执行"创建→查询→查询向导"命令，在"新建查询"对话框中选择"查找重复项查询向导"，单击"确定"按钮，打开"查找重复项查询向导"第一个对话框。

② 在"查找重复项查询向导"第一个对话框的列表框中选择"表:学生"，作为搜索重复字段值的表，如图 4-6 所示。

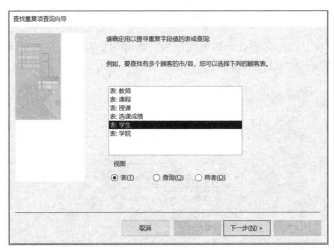

图 4-6　"查找重复项查询向导"第一个对话框

③ 单击"下一步"按钮，打开"查找重复项查询向导"第二个对话框，在该对话框中可以确定可能包含重复信息的字段。在"可用字段"列表框中双击"出生日期"字段，将其加入"重复值字段"列表框中，如图 4-7 所示。

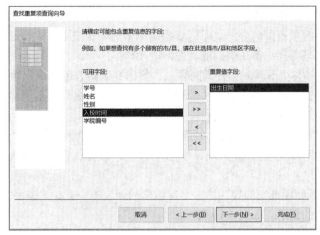

图 4-7 "查找重复项查询向导"第二个对话框

④ 单击"下一步"按钮，打开"查找重复项查询向导"第三个对话框，选择查询结果中需显示的除带有重复值的字段之外的其他字段。在"可用字段"列表框中依次双击"学号""姓名""性别"字段，将其加入"另外的查询字段"列表框中，如图 4-8 所示。

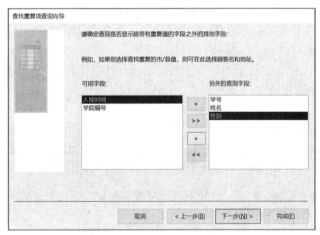

图 4-8 "查找重复项查询向导"第三个对话框

⑤ 单击"下一步"按钮，打开"查找重复项查询向导"第四个对话框，在用于指定查询名称的文本框中输入"同年同月同日生查询"。

⑥ 单击"完成"按钮，显示查询结果，如图 4-9 所示。

同年同月同日生查询			
出生日期 ▼	学号 ▼	姓名 ▼	性别 ▼
2001/10/28	20010312	余馨懿	女
2001/10/28	20090122	陈霞	女
2001/11/2	20130101	张霖	男
2001/11/2	20030116	章途	男
2002/2/16	20020113	郭聪芝	女
2002/2/16	20020115	姚本俱	男
2002/3/12	20070102	沈鑫毅	男
2002/3/12	20010314	刘瑞斌	男
2003/8/15	21070208	肖光耀	男
2003/8/15	21010101	闫丽华	女
2003/9/29	21100111	张艺敏	女
2003/9/29	21040404	赵雅芮	女

图 4-9 查找重复项查询结果

3. 查找不匹配项查询向导

通过"查找不匹配项查询向导"，可以查找出两个关联表中不匹配的记录。这种查询向导主要用于帮助用户了解是否存在不正确的或者遗漏的操作。

【例4.3】 使用"查找不匹配项查询向导"，找出"选课管理系统"数据库中没有被学生选修的课程。如果找到，显示"课程号""课程名称"，将查询名称指定为"没有学生选修的课程查询"。

① 打开"选课管理系统"数据库，执行"创建→查询→查询向导"命令，在"新建查询"对话框中选择"查找不匹配项查询向导"，单击"确定"按钮，打开"查找不匹配项查询向导"第一个对话框。

② 在"查找不匹配项查询向导"第一个对话框的列表框中选择"表:课程"，用以显示查询结果中应包含在表中的记录，如图4-10所示。

图4-10 "查找不匹配项查询向导"第一个对话框

③ 单击"下一步"按钮，打开"查找不匹配项查询向导"第二个对话框，选择包含相关记录的表。在列表框中选择"表:选课成绩"，如图4-11所示。

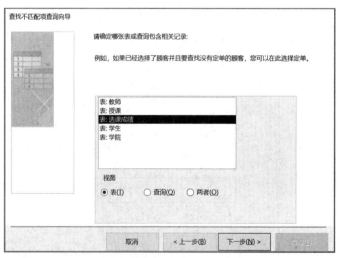

图4-11 "查找不匹配项查询向导"第二个对话框

④ 单击"下一步"按钮，打开"查找不匹配项查询向导"第三个对话框，指定两个表的匹配字段。在"课程"表的列表框中选择"课程号"字段，在"选课成绩"表的列表框中同样选择"课程号"字段，单击两个列表框中间的 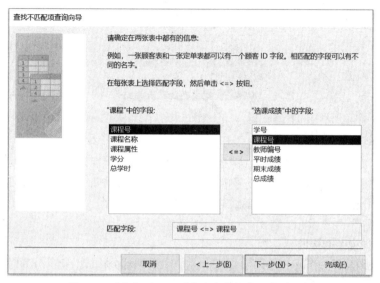 按钮，对话框的"匹配字段"框中显示"课程号<=>课程号"，如图 4-12 所示。

图 4-12 "查找不匹配项查询向导"第三个对话框

⑤ 单击"下一步"按钮，打开"查找不匹配项查询向导"第四个对话框，选择查询结果中包含的字段。在"可用字段"列表框中依次双击"课程号""课程名称"字段，将其加入"选定字段"列表框中，如图 4-13 所示。

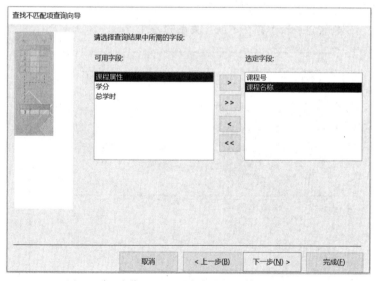

图 4-13 "查找不匹配项查询向导"第四个对话框

⑥ 单击"下一步"按钮，打开"查找不匹配项查询向导"第五个对话框，在用于指定查询名称的文本框中输入"没有学生选修的课程查询"。

⑦ 单击"完成"按钮，显示查询结果，如图 4-14 所示。

图 4-14 查找不匹配项查询结果

4.2.2 使用查询设计视图

如前所述，使用查询向导创建的选择查询不能设置查询条件。而实际应用中，很多情况下需要创建相对复杂的查询，例如设置了查询条件的查询。Access 提供的查询设计视图既可以修改已有的查询，还可以创建复杂的查询，比查询向导更加灵活和方便。

使用查询设计
视图

1. 查询设计视图的构成

查询设计视图窗口如图 4-15 所示。该窗口由上、下两部分构成。上部分为对象窗格，用来显示查询数据源（表或查询）的字段列表。下部分为设计网格，由若干行组成。

（1）"字段"行用来放置查询需要的字段和用户自定义的字段。

（2）"表"行用来放置"字段"行的字段来源（表或查询）。

（3）"排序"行用来设置字段的排序方式（升序、降序或不排序）。

（4）"显示"行用来设置选择字段是否在查询结果（数据表视图中）显示。

（5）"条件"行用来设置指定的查询条件。

（6）"或"行用来设置逻辑上存在"或"关系的条件。

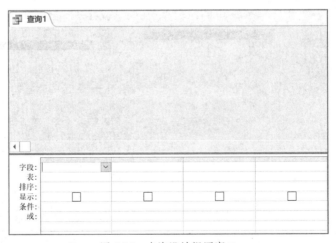

图 4-15 查询设计视图窗口

▶注意

对于不同类型的查询，设计网格中包含的行项目会有所不同。

2．使用查询设计视图创建选择查询的一般步骤

使用查询设计视图创建选择查询的过程一般可以分为以下几步。

（1）执行"创建→查询→查询设计"命令，打开查询设计视图，选择查询的数据源（表或查询）。

（2）从数据源中选择需要查询的字段，或根据数据源中的字段建立计算表达式，计算出需要查询的信息。

（3）设置查询条件。

（4）设置排序或分组来组织查询结果。

（5）查看查询结果。

（6）保存查询对象。

3．创建不带查询条件的查询

【例4.4】使用查询设计视图，查找"选课管理系统"中学生选课的情况。显示"学号""姓名""学院名称""课程名称"，并按"课程名称"升序排序，查询名称为"学生选课信息"。

分析：查询结果要显示的字段分别来自"学生""学院""课程"表，但"学生""课程"表之间没有直接联系，需要通过"选课成绩"表建立两表之间的联系。因此，查询的数据源来自"学生""学院""课程""选课成绩"4个表。

具体操作步骤如下。

① 选择数据源。打开"选课管理系统"数据库，执行"创建→查询→查询设计"命令，从弹出的"显示表"对话框中选择"学生""学院""课程""选课成绩"4个数据表，单击"添加"按钮，并关闭"显示表"对话框。

> ▶注意
>
> 将多个表添加到对象窗格的方法有多种，可以依次双击对应的表名进行添加；可以选中一个表之后单击"添加"按钮，然后继续一个个地添加；还可以选中一个表后，按住"Ctrl"键，选择其他表，然后单击"添加"按钮等。

② 选择字段。选择字段的方法有3种：一是选中某字段，按住鼠标左键不松开直接将该字段拖曳到设计网格的"字段"行上；二是双击选中的字段，该字段会自动添加到"字段"行上；三是在设计网格的"字段"行，单击对应单元格右侧的下拉按钮，从下拉列表中选择需要的字段。使用以上任一种方法，将"学号""姓名""学院名称""课程名称"字段添加到"字段"行上。

③ 设置排序。在设计网格中，单击"课程名称"字段的"排序"行单元格右侧的下拉按钮，在打开的下拉列表中选择"升序"，如图4-16所示。

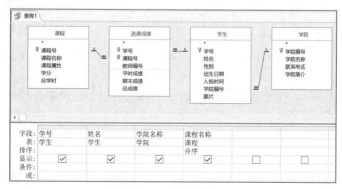

图4-16　设置排序

④ 查看查询结果。执行"查询工具→设计→结果→视图"命令，从下拉列表中选择"数据表视图"，查看查询结果，如图 4-17 所示。在"视图"下拉列表里，可以将"设计视图""数据表视图"来回切换，查看查询设计和查询结果。

学号	姓名	学院名称	课程名称
20100123	龚斐宓	人工智能学院	Python程序设计
20010314	刘瑞斌	机械工程学院	Python程序设计
20010312	余馨懿	机械工程学院	Python程序设计
20100103	陈盛永	人工智能学院	Python程序设计
20030115	顾凡舫	化工与材料科学学院	Python程序设计
20020114	杨乐和	电子信息与自动化学院	Python程序设计
20010313	车伊仪	机械工程学院	Python程序设计
21110112	王恬缇	文法学院	材料文明与未来科技
21110111	戴皓然	文法学院	材料文明与未来科技
20110125	王颜	文法学院	材料文明与未来科技
21070207	孔添	艺术设计学院	创造学
20070120	杨腊梅	艺术设计学院	创造学
21070208	肖光耀	艺术设计学院	创造学
21070208	肖光耀	艺术设计学院	大学信息技术与应用
21110111	戴皓然	文法学院	大学信息技术与应用
21080108	牟铭	经济与管理学院	大学信息技术与应用
21020202	陈林丽	电子信息与自动化学院	大学信息技术与应用
21100111	张艺敏	人工智能学院	大学信息技术与应用
21070209	张宜馨	艺术设计学院	大学信息技术与应用

图 4-17　查询结果

⑤ 保存查询对象。单击快速访问工具栏上的"保存"按钮，在"另存为"对话框的"查询名称"文本框中输入"学生选课信息"，然后单击"确定"按钮。

4．查询条件设置

如果要根据指定的条件进行查询，例如查询年龄大于 20 岁的女生情况，需要在设计网格中设置这些条件，表示各条件之间的关系。

在 Access 的查询设计中，查询条件是一个逻辑表达式，由常量、函数、字段名称、字段值等通过运算符连接而成，其值为一个是/否类型的数据，若表达式的值为真，则满足该条件的数据就包含在查询结果中；否则，这些数据就不包含在查询结果中。

（1）常量的表示

① 数字类型常量：直接输入数值，如 18、-15、11.46。

② 文本类型常量：用英文的单/双引号进行标识，如'大数据'、"大数据"。

③ 日期类型常量：用"#"进行标识，如#2021-9-9#。

④ 是/否类型常量：Yes、No、True、False。

（2）表达式中的运算符

Access 提供多种运算符，常用的有算术运算符、关系运算符、逻辑运算符和特殊运算符。

① 算术运算符：+（加）、-（减）、*（乘）、/（除）、^（乘方）、\（整型除法，结果为整型值）、Mod（取模，求两个数相除的余数）。

② 关系运算符：=（等于）、>（大于）、<（小于）、>=（大于等于）、<=（小于等于）、<>（不等于）。

例如要查询"课程"表中"学分"大于等于 3 的课程信息，在设置查询条件时，需使用关系运算符，如图 4-18 所示。

③ 逻辑运算符：And（与）、Or（或）、Not（非）。

例如：Not "顾乐"，表示查询这个字段值不为"顾乐"的记录。

例如要查询"课程"表中"会计学"或"审计学"的课程信息，可以使用逻辑运算符，如图 4-19 所示。

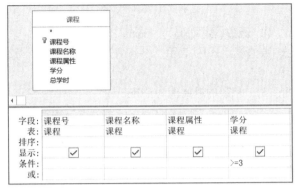

图 4-18　查询条件设置

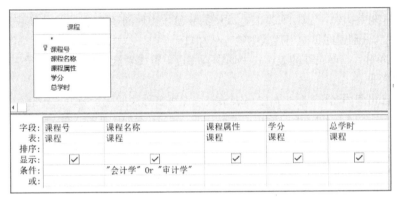

图 4-19　使用逻辑运算符

④ 特殊运算符包括以下几个。

- Between…And：确定两个数据之间的范围，两个数据必须为相同的数据类型。

例如：Between 80 And 89，等价于 >=80 And <=89；

　　　Between #2001-1-1# And #2001-12-31#，表示日期在 2001 年之内。

- In：与指定的一组值比较，这组值中的任意一个值都可以与查询的字段值相匹配。该运算符格式为 In(值 1,值 2,值 3,…)。

例如：In("顾乐","王颜")，等价于"顾乐" Or "王颜"。

- Like：与指定的字符串比较，字符串中可以使用通配符。"?"表示任意一个字符，"*"表示多个字符，"#"表示任意一个数字。

例如：Like　"计算机*"，表示查询以"计算机"开头的记录；

　　　Like　"王?"，表示查询以"王"开头的长度为两个字符的记录。

- Is Null：表示为空。
- Is Not Null：表示不为空。

（3）函数

函数能够完成某种特定操作或功能，函数的返回值称为函数值。Access 2016 提供了大量的标准函数，如数值函数、文本函数、日期时间函数等。函数调用的格式为：函数名([参数 1][,参数 2][,…])。下面列举一些常用的函数的作用。

① Int(数值表达式)：表示返回数值表达式值的整数部分值。

② Abs(数值表达式)：表示返回数值表达式值的绝对值。

③ Left(字符表达式,数值表达式)：表示从字符表达式左侧第一个字符开始，截取长度为数值

表达式值个数的字符串。

例如：Left("TianJin", 4)，函数的返回值为"Tian"。

④ Right(字符表达式,数值表达式)：表示从字符表达式右侧第一个字符开始，截取长度为数值表达式值个数的字符串。

例如：Right("TianJin", 3)，函数的返回值为"Jin"。

⑤ Mid(字符表达式,数值表达式1,数值表达式2)：表示从字符表达式左侧数值表达式1的值的位置开始，连续截取长度为数值表达式2的值的个数的字符串。

例如：Mid("TianJin", 1, 4)，函数的返回值为"Tian"。

⑥ Len(字符表达式)：返回字符表达式中的字符个数。

例如：Len("TianJin")，函数的返回值为7。

⑦ Date()：返回系统当前日期。

⑧ Year(日期表达式)：返回日期表达式中的年份。类似的还有 Month(日期表达式)、Day(日期表达式)，它们分别返回日期表达式中的月份和日。

在设计查询时，查询条件的表达式中通常会将运算符或者函数等与字段结合，使用字段的部分值作为查询条件。

例如：Right([课程名称],2)="导论"，表示查询课程名称最后两个字为"导论"的记录；

Year([参加工作时间])=2002，表示查询2002年参加工作的人的记录。

▶注意

条件中字段名称必须用方括号进行标识，而且数据类型应该与对应字段定义的类型相符合，否则会出现数据类型不匹配的错误。

5. 创建带查询条件的查询

【例4.5】 使用查询设计视图，查找"选课管理系统"中2005年参加工作的职称为讲师的男教师的情况。显示"姓名""性别""参加工作时间""职称"，并按"参加工作时间"升序排序，将查询名称指定为"2005年参加工作的男讲师"。

创建带查询
条件的查询

分析：查询结果要显示的字段来自"教师"表，即查询的数据源为"教师"表；查询条件包含3个，也就是分别需要对表中"参加工作时间""性别""职称"字段设置条件，并且3个条件之间是相"与"的关系，即3个条件需要同时满足。

具体操作步骤如下。

① 选择数据源。打开"选课管理系统"数据库，执行"创建→查询→查询设计"命令，从弹出的"显示表"对话框中选择"教师"表，单击"添加"按钮，并关闭"显示表"对话框。

② 选择字段。在设计网格的"字段"行中，添加"姓名""性别""参加工作时间""职称"字段。

③ 设置查询条件。在"性别"字段列的"条件"单元格中输入条件"男"；在"参加工作时间"字段列的"条件"单元格中输入条件 Year([参加工作时间])=2005；在"职称"字段列的"条件"单元格中输入条件"讲师"。"参加工作时间"字段的条件还可以是别的形式，例如输入：Between #2005-1-1# And #2005-12-31#。

▶注意

在查询设计视图中，"条件"行的条件之间是相"与"的关系，不同行的条件之间是相"或"的关系。

④ 设置排序。在"参加工作时间"字段列的"排序"单元格中选择"升序"，如图 4-20 所示。

图 4-20　设计查询

⑤ 查看查询结果。执行"查询工具→设计→结果→视图"命令，从下拉列表中选择"数据表视图"，查看查询结果，如图 4-21 所示。

图 4-21　查询结果

⑥ 保存查询对象。单击快速访问工具栏上的"保存"按钮，在弹出的"另存为"对话框的"查询名称"文本框中输入"2005 年参加工作的男讲师"，然后单击"确定"按钮。

4.3　在查询中进行计算

实际应用中，经常需要对查询结果进行统计计算，以便更好地分析和处理数据。Access 允许在查询中执行合计、计数、求最大/小值、求平均值等多种统计计算。

4.3.1　总计查询

总计查询是在记录中进行求和、求平均值等计算的查询。可以对表或查询中的全部记录（或部分满足条件的记录）或记录组进行一个或多个字段（表达式）的数据汇总与统计。Access 中，总计查询是通过在查询设计视图的"总计"行进行设置实现的。

总计查询

【例 4.6】 在"选课管理系统"中统计 2002 年出生的学生人数，将查询名称指定为"2002 年出生的学生人数统计"。

分析：本例可以通过统计满足条件的记录数量来统计学生人数。在"学生"表中，"学号"字段是主键，因此"学号"字段上应完成计数计算，而"出生日期"字段上应设置条件。

具体操作步骤如下。

① 选择数据源。打开"选课管理系统"数据库，将"学生"表添加到对象窗格中。

② 选择字段。在设计网格的"字段"行，添加"出生日期""学号"字段。

③ 总计设置。执行"查询工具→设计→显示/隐藏→汇总"命令，在设计网格中会增加"总

计"行。在"出生日期"字段列的"总计"单元格的下拉列表中选择"Where",并在该列"条件"行的单元格中输入 Year([出生日期])=2002;在"学号"字段列的"总计"单元格的下拉列表中选择"计数",如图4-22所示。

④ 查看查询结果。切换到"数据表视图",查看查询结果,如图4-23所示。

⑤ 保存查询对象。将查询名称指定为"2002年出生的学生人数统计"并对查询进行保存。

图 4-22 设置查询条件及总计项

图 4-23 查询结果

▶注意

Access 规定,指定"Where"总计项的字段不能出现在查询结果中。

从查询结果可见,统计字段显示的标题为"学号之计数",可读性较差。为了能更加清晰明确地显示出统计字段的标题,Access 2016 允许重命名字段标题。重命名的方法有如下两种。

方法一:在设计网格的"字段"行的单元格上直接命名,命名规则为在原字段名称前加上字段标题和英文冒号,如图4-24所示。设置本例的显示标题后,查询结果如图4-25所示。

图 4-24 重命名字段标题

图 4-25 修改后的查询结果

方法二:将光标定位在要重命名标题的"字段"行单元格中,右键单击,从下拉列表中选择"属性",打开"属性表"对话框。在"常规"选项卡下的"标题"文本框中输入字段标题,如图4-26所示,设置完成也能得到图4-25所示的显示结果。

图 4-26 输入字段标题

4.3.2 分组总计查询

如果需要按照字段值分组进行统计，只需要在设计视图中将用于分组的字段的"总计"行设置成"Group By"。

【例4.7】 在"选课管理系统"中统计各类职称的教师人数，显示"职称""人数"，将查询名称指定为"各类职称的教师人数"。设计结果如图4-27所示，查询结果如图4-28所示。

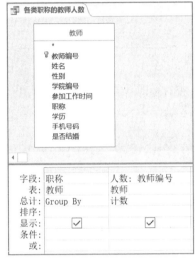

图4-27 设计结果   图4-28 查询结果

Access提供的总计项名称以及对应的功能如表4-1所示。

表4-1 总计项名称以及对应的功能

名称	功能	名称	功能
Group By	分组	StDev	求标准偏差
合计	求和	First	求第一个值
平均值	求平均值	Last	求最后一个值
最大值	求最大值	Expression	创建一个由表达式产生的计算字段
最小值	求最小值	Where	设置条件

4.3.3 计算字段

当需要统计的字段不在表中，或者用于计算的数据值来自多个字段时，可以在查询设计视图的设计网格中添加一个计算字段。计算字段是根据一个或多个表中的一个或多个字段，通过使用计算表达式建立的新字段。在设计视图的设计网格"字段"行中，直接输入计算字段名称及其计算表达式即可创建计算字段，输入格式为：计算字段名称:计算表达式。

计算字段

【例4.8】 在"选课管理系统"中计算每位教师的工龄，显示"姓名""职称""学历""工龄"，将查询名称指定为"教师工龄"。

分析："工龄"字段不在"教师"表中，但可以通过系统当前时间与表中的"参加工作时间"的字段值计算得到。计算表达式为：Year(Date())-Year([参加工作时间])。

具体操作步骤如下。

① 选择数据源。打开"选课管理系统"数据库,将"教师"表添加到对象窗格。

② 选择字段。在设计网格的"字段"行,添加"姓名""职称""学历"字段,在右侧的单元格中输入计算字段:工龄: Year(Date())-Year([参加工作时间])。设计网格如图 4-29 所示。

字段:	姓名	职称	学历	工龄: Year(Date())-Year([参加工作时间])
表:	教师	教师	教师	
排序:				
显示:	☑	☑	☑	☑
条件:				
或:				

图 4-29　设计网格

③ 查看查询结果。切换到"数据表视图",查看查询结果,如图 4-30 所示。

查询1			
姓名	职称	学历	工龄
王力鑫	教授	博士	32
蒋丛	副教授	硕士	22
吴雨宵	副教授	硕士	20
张琨凡	副教授	硕士	14
林丽	副教授	硕士	23
胡芳方	副教授	硕士	25
姚娜	副教授	硕士	16
满轶	讲师	本科	7
贾雨菲	讲师	本科	5
杨艳丽	讲师	博士	6
闫欣怡	讲师	博士	4
王萌梦	讲师	博士	3
李强国	讲师	硕士	3
赵仕斌	讲师	硕士	17
吉瑞	讲师	硕士	13

图 4-30　查询结果

④ 保存查询对象。将查询名称指定为"教师工龄"并对查询结果进行保存。

4.4　交叉表查询

交叉表查询可以计算并重新组织数据的显示结构,使用户更方便地分析数据。交叉表查询将表或查询中的字段分成两组:一组放在数据表的左侧作为交叉表的行标题;另一组放在数据表的顶端作为交叉表的列标题,并在数据表的行列交叉位置处显示表中某个字段的计算值。

在创建交叉表查询时,需要指定 3 类字段:一是放在最左侧作为行标题的字段;二是放在最上端作为列标题的字段;三是放在行列交叉位置处并需要对其指定总计方式的字段。Access 规定,只能指定一个列标题字段和一个指定总计方式的字段。交叉表查询可使用查询向导和查询设计视图两种方式创建。

4.4.1　使用交叉表查询向导

【例 4.9】　在"选课管理系统"中统计男女教师各学历的人数,查询名称为"男女教师各学历人数交叉表查询"。

① 打开"选课管理系统"数据库,执行"创建→查询→查询向导"命令,在"新建查询"对话框中选择"交叉表查询向导",单击"确定"。

② 在"交叉表查询向导"第一个对话框的列表框中选择"表:教师",用以指定交叉表查询结果来自表或查询,如图4-31所示。

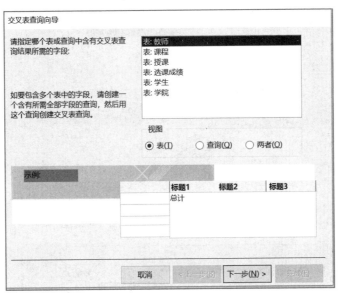

图 4-31 "交叉表查询向导"第一个对话框

③ 单击"下一步"按钮,打开"交叉表查询向导"第二个对话框,确定作为行标题的字段。在"可用字段"列表框中选择"性别"字段加入"选定字段",如图4-32所示。

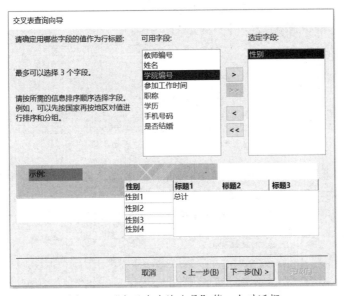

图 4-32 "交叉表查询向导"第二个对话框

④ 单击"下一步"按钮,打开"交叉表查询向导"第三个对话框,指定作为列标题的字段。在列表框中选择"学历"字段,如图4-33所示。

⑤ 单击"下一步"按钮,打开"交叉表查询向导"第四个对话框,确定行列交叉位置的字段以及总计方式。在"字段"列表框中选择"教师编号"字段,"函数"列表框中选择"计数"。如果想为每一行做小计,就勾选"是,包括各行小计"复选框,如图4-34所示。

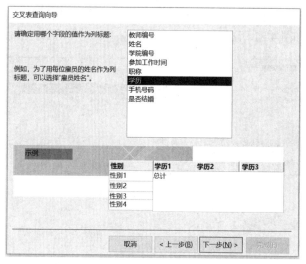

图 4-33 "交叉表查询向导"第三个对话框

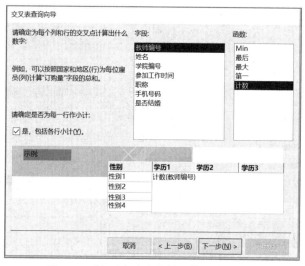

图 4-34 "交叉表查询向导"第四个对话框

⑥ 单击"下一步"按钮，打开"交叉表查询向导"第五个对话框，在指定查询名称的文本框中输入"男女教师各学历人数交叉表查询"。

⑦ 单击"完成"按钮，显示交叉表查询结果，如图 4-35 所示。

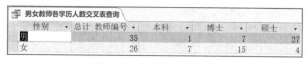

图 4-35 交叉表查询结果

4.4.2 使用查询设计视图

若创建的交叉表查询来自多个表或查询，使用查询向导时需预先创建一个包含各表中字段的查询，这显然比较烦琐。使用查询设计视图可以自由地选择一个或多个表或者查询，还可以设置查询条件、排序方式等，更直接和灵活。

使用查询设计
视图

【例 4.10】 在"选课管理系统"数据库中统计教师所授课程名称最后两个字为"导论"的课程的期末成绩的平均分，成绩保留两位小数显示，将查询名称指定为"教师所授课程的平均分交叉表查询"。

分析：查询结果中包含的字段分别来自"教师""课程""选课成绩"表，需要将这 3 个表作为查询的数据源；交叉表的行标题字段为教师的"姓名"，列标题字段为"课程名称"，行列交叉位置是"选课成绩"表的"期末成绩"字段的"平均值"；"课程名称"字段需设置查询条件。

具体操作步骤如下。

① 选择数据源。打开"选课管理系统"数据库，将"教师""课程""选课成绩"表添加到对象窗格。

② 选择字段。在设计网格的"字段"行中添加"姓名""课程名称""期末成绩"字段。

③ 交叉表设置。执行"查询工具→设计→查询类型→交叉表"命令，在设计网格中会增加"总计""交叉表"两行。从"姓名"字段列的"总计"单元格的下拉列表中选择"Group By"，"交叉表"行的单元格中选择"行标题"；从"课程名称"字段列的"总计"单元格的下拉列表中选择"Group By"，"交叉表"行的单元格中选择"列标题"；从"期末成绩"字段列的"总计"单元格的下拉列表中选择"平均值"，"交叉表"行的单元格中选择"值"。

④ 设置条件。在"课程名称"字段列的"条件"单元格中输入：Like "*导论"，如图 4-36 所示。

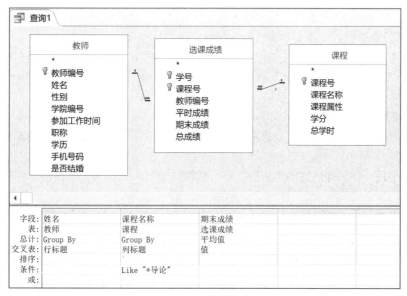

图 4-36　设置条件

⑤ 查看查询结果。切换到"数据表视图"，查看查询结果。

要想使结果中显示的数据保留两位小数，需要切换到"设计视图"，在"期末成绩"列的任一单元格右键单击，从下拉列表中选择"属性"，打开"属性表"对话框。将"常规"选项卡的格式属性设置为"固定"，小数位数属性设置为"2"，如图 4-37 所示。再次切换到"数据表视图"，查看到的查询结果如图 4-38 所示。

⑥ 保存查询对象。将查询名称指定为"教师所授课程的平均分交叉表查询"并对查询结果进行保存。

图 4-37　设置格式属性和小数位数属性

图 4-38　查询结果

4.5　参数查询

前面所述的创建查询的条件都是固定不变的。如果查询条件需要经常变化，可以使用 Access 提供的一种交互式查询方式——参数查询。参数查询是动态的，在查看参数查询的结果时，会显示一个或多个预定义的对话框，用户可以在对话框中输入参数值，并根据参数值进行检索。

设置参数查询时，在"条件"行中输入以方括号"[ ]"进行标识的名字或短语并将其作为参数的名称。可设置单参数或者多参数的参数查询。

【例 4.11】 创建一个名为"按课程查询"的参数查询，根据用户输入的课程名称查询该课程的选修情况，显示"学号""姓名""课程名称""总成绩"，将查询名称指定为"按课程参数查询"。

具体操作步骤如下。

① 选择数据源。打开"选课管理系统"数据库，将"学生""课程""选课成绩"表添加到对象窗格。

② 选择字段。在设计网格的"字段"行，添加"学号""姓名""课程名称""总成绩"字段。

③ 设置参数。在"课程名称"字段列的"条件"单元格中输入[请输入课程名称]，如图 4-39 所示。

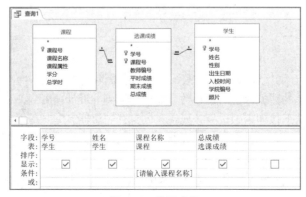

图 4-39　设置参数

④ 查看查询结果。切换到"数据表视图",弹出"输入参数值"对话框,在对话框的文本框中输入要查询的课程名称,如"Python 程序设计",如图 4-40 所示,单击"确定"按钮,查询结果如图 4-41 所示。

图 4-40 输入参数值

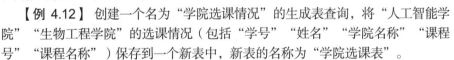

图 4-41 查询结果

⑤ 保存查询对象。将查询名称指定为"按课程参数查询"并对查询结果进行保存。

▶注意

参数名称不能与字段名称相同。

如果需要通过多个参数进行查询,只需要在对应字段的"条件"行输入对应的参数名称即可。查看查询结果时,有几个参数就会弹出几个对应的对话框,在不同对话框的文本框中分别输入参数值并单击"确定"按钮后就能看到最终的查询结果。

4.6 操作查询

前面介绍的几种查询都只是从数据源中检索出符合条件的数据,查询结果不会改变表中的数据。而操作查询以成组方式对数据表进行追加、更新、删除或生成新的表,打开查询就会执行相应的操作。Access 有 4 种操作查询:生成表查询、追加查询、删除查询和更新查询。

4.6.1 生成表查询

生成表查询是指根据一个或多个表中的全部或部分数据生成一个新表。可以通过生成表查询将几个表中常用的数据提取出来保存到新表中,这样既可以起到提高数据使用效率的作用,也可以起到备份数据的作用。

生成表查询

【例 4.12】 创建一个名为"学院选课情况"的生成表查询,将"人工智能学院""生物工程学院"的选课情况(包括"学号""姓名""学院名称""课程号""课程名称")保存到一个新表中,新表的名称为"学院选课表"。

分析:查询结果显示的字段来自"学生""课程""学院"3 个表,但"学生""课程"表之间需要通过"选课成绩"表建立关联,因此,查询的数据源需要 4 个表。

具体操作步骤如下。

① 打开"选课管理系统"数据库,执行"创建→查询→查询设计"命令,在"显示表"对话框中依次添加"学生""选课成绩""课程""学院"4 个表到对象窗格。

② 执行"查询工具→设计→查询类型→生成表"命令,打开"生成表"对话框,如图 4-42 所示。

③ 在"表名称"文本框中输入新表的名称,选择将新表保存在当前数据库中,单击"确定"按钮。

图 4-42 "生成表"对话框

④ 在设计网格的"字段"行，依次添加"学号""姓名""学院名称""课程号""课程名称"字段。

⑤ 在"学院名称"列的"条件"单元格中输入生成表查询条件，如图 4-43 所示。

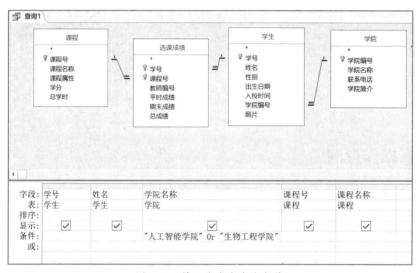

图 4-43 输入生成表查询条件

⑥ 切换到"数据表视图"，预览查询结果。

⑦ 执行"查询工具→设计→结果→运行"命令，弹出消息框，单击"是"按钮，在左侧表对象栏能看到刚生成的新表。

⑧ 单击快速访问工具栏中的"保存"按钮，在打开的"另存为"对话框中输入查询对象的名称并进行保存。

▶注意

在生成表查询中，如果要生成的表已经存在，系统会先删除原表，再生成新表。

4.6.2 追加查询

利用追加查询可以将一个或多个表中的一组记录添加到其他表中。追加记录时只能追加相匹配的字段，其他字段被忽略。

【例 4.13】 创建一个名为"添加学院选课情况"的追加查询，将"理学院"的选课情况添加到"学院选课表"中。

① 打开"选课管理系统"数据库，执行"创建→查询设计"命令，在"显示

追加查询

表"对话框中依次添加"学生""选课成绩""课程""学院"4个表到对象窗格。

② 执行"查询工具→设计→查询类型→追加"命令,打开"追加"对话框,选择追加到的表名称,如图4-44所示,单击"确定"。

图 4-44　选择追加到的表名称

③ 设计网格会增加"追加到"行。在设计网格的"字段"行,依次添加"学号""姓名""学院名称""课程号""课程名称"字段。

④ 在"学院名称"列的"条件"单元格中输入条件"理学院",如图4-45所示。

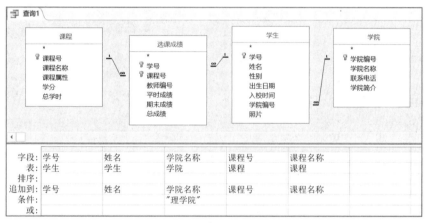

图 4-45　追加查询设置

⑤ 切换到"数据表视图",预览要添加的记录信息。

⑥ 执行"查询工具→设计→结果→运行"命令,弹出消息框,单击"是"按钮,追加记录。

⑦ 单击快速访问工具栏中的"保存"按钮,在打开的"另存为"对话框中输入查询对象的名称并进行保存。

追加查询运行后,在被追加数据的表中可以查看到追加的记录。

4.6.3　删除查询

利用删除查询可以从表中删除一组记录。删除后的记录不能恢复,因此,为了确保万无一失,应事先对数据进行备份。

【例 4.14】 创建一个名为"删除学院选课情况"的删除查询,将"生物工程学院"的选课情况从"学院选课表"中删除。

删除查询

具体操作步骤如下。

① 打开"选课管理系统"数据库,执行"创建→查询设计"命令,在"显示表"对话框中将"学院选课表"添加到对象窗格。

② 执行"查询工具→设计→查询类型→删除"命令,设计网格中会出现"删除"行。

③ 将表中"*"字段拖放到设计网格"字段"行的第1列，"学院名称"字段拖放到第2列。"删除"行在第1列的单元格中设置为"From"，在第2列的单元格中设置为"Where"。在"条件"行第2列的单元格中输入条件"生物工程学院"，如图4-46（a）所示。

④ 切换到"数据表视图"，预览要删除的记录信息。

⑤ 执行"查询工具→设计→运行"命令，打开确认删除对话框，如图4-46（b）所示，单击"是"按钮，确认执行删除记录操作。

（a）　　　　　　　　　　　　　　　（b）

图4-46　删除查询设置

⑥ 单击快速访问工具栏中的"保存"按钮，在打开的"另存为"对话框中输入查询对象的名称并进行保存。

运行删除查询后，在被删除数据的表中可以查看到删除后的结果。

▶提示

"*"字段代表表中所有字段。如果两个表之间建立了关系，并遵循了参照完整性规则，同时允许级联删除，则对主表执行删除查询时，会级联删除子表中的匹配记录。

4.6.4　更新查询

利用更新查询可以成批修改表中指定的字段的值。

【例4.15】创建一个名为"更新学院选课"的更新查询，将"学院选课表"中的"人工智能学院"更新为"大数据与人工智能学院"。

更新查询

具体操作步骤如下。

① 打开"选课管理系统"数据库，执行"创建→查询设计"命令，在"显示表"对话框中将"学院选课表"添加到对象窗格。

② 执行"查询工具→设计→查询类型→更新"命令，设计网格中会出现"更新到"行。

③ 将"学院名称"字段拖放到设计网格"字段"行。在"条件"行中输入条件"人工智能学院"，在"更新到"行输入"大数据与人工智能学院"，如图4-47所示。

④ 切换到"数据表视图"，预览要更新的记录信息。

⑤ 执行"查询工具→设计→结果→运行"命令，弹出消息框，单击"是"按钮。

⑥ 单击快速访问工具栏中的"保存"按钮，在打开的"另存为"对话框中输入查询对象的名称并进行保存。

更新查询运行后，在被更新数据的表中可以查看到更新后的结果。

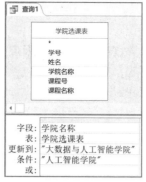

图 4-47　更新查询设置

4.7 SQL 查询

SQL（Structured Query Language，结构查询语言），是一种通用且功能强大的关系数据库语言，也是关系数据库的标准语言。它具有数据定义、数据操纵、数据查询、数据控制等功能，包括对数据库的所有操作。

SQL 包括以下三大类语言。

（1）数据定义语言（Data Definition Language，DDL），用于定义和建立数据库的表、索引等对象。

（2）数据操纵语言（Data Manipulation Language，DML），用于处理数据库数据，如查询、插入、删除和修改记录。

（3）数据控制语言（Data Control Language，DCL），用于控制 SQL 语句的执行。

在 Access 中使用 SQL 语句的步骤如下。

（1）执行"创建→查询→查询设计"命令，打开查询设计视图，单击"显示表"对话框中的"关闭"按钮。

（2）执行"查询工具→设计→SQL 视图"，打开的 SQL 视图窗口如图 4-48 所示，输入 SQL语句。

图 4-48　SQL 视图窗口

▶注意

在查询的 SQL 视图窗口中一次只能输入一条 SQL 语句。

（3）执行"查询工具→设计→结果→运行"命令，执行 SQL 语句。

（4）根据需要，将 SQL 语句保存为一个查询对象，或直接关闭 SQL 视图窗口。

4.7.1 数据定义

CREATE
TABLE

数据定义功能可以完成定义表、修改表、删除表，以及建立、删除索引等操作。

1．定义表语句

使用 CREATE TABLE 语句定义表。其语法格式为：

```
CREATE TABLE <表名>
   (〈字段名称1〉〈数据类型1〉[(<大小>)] [NOT NULL] [PRIMARY KEY | UNIQUE ]
   [,<字段名称2> 〈数据类型2〉[(<大小>)] [NOT NULL] [PRIMARY KEY | UNIQUE ]
   [,…] )
```

▶提示

格式中，"<>"表示必选项，具体内容由用户提供；"[ ]"表示可选项；"|"表示多选一。

定义表时，必须指定表名、各个字段名称及相应的数据类型和字段大小（由系统自动确定的字段大小可以省略），各个字段之间用英文逗号进行分隔。

NOT NULL 指定字段的值不能为空。PRIMARY KEY 定义单字段主键，UNIQUE 定义单字段唯一键。

字段的数据类型必须用 SQL 标识符表示。Access 中常用数据类型对应的 SQL 标识符如表 4-2 所示。

表 4-2　常用数据类型对应的 SQL 标识符

数据类型	字符	数据类型	字符
短文本	Text	日期/时间	Date
是/否	Logical	长文本	Memo
OLE 对象	OLEObject	货币	Currency
自动编号	Counter	长整型	Int
单精度型	Single	双精度型	Double

【例 4.16】 使用 SQL 语句定义一个名为 Teacher 的表，该表结构如表 4-3 所示。

表 4-3　Teacher 表结构

字段名称	数据类型	字段大小	其他属性
教师编号	短文本	20	主键
姓名	短文本	5	不允许为空
性别	短文本	1	
出生日期	日期/时间		
工龄	数字	长整型	
学历	短文本	10	
职称	短文本	10	
学院	短文本	20	
是否结婚	是/否		

定义该表的 SQL 语句为：

```
CREATE TABLE Teacher
( 教师编号 Text(20) PRIMARY KEY , 姓名 Text(5) NOT NULL, 性别 Text(1),
```

```
出生日期 Date, 工龄 Int, 学历 Text(10), 职称 Text(10),学院 Text(20),
是否结婚 Logical )
```

在 SQL 视图窗口输入以上 SQL 语句，执行"运行"命令后，表对象栏里就能看到刚创建的"Teacher"表。以设计视图打开"Teacher"表，其结构如图 4-49 所示。

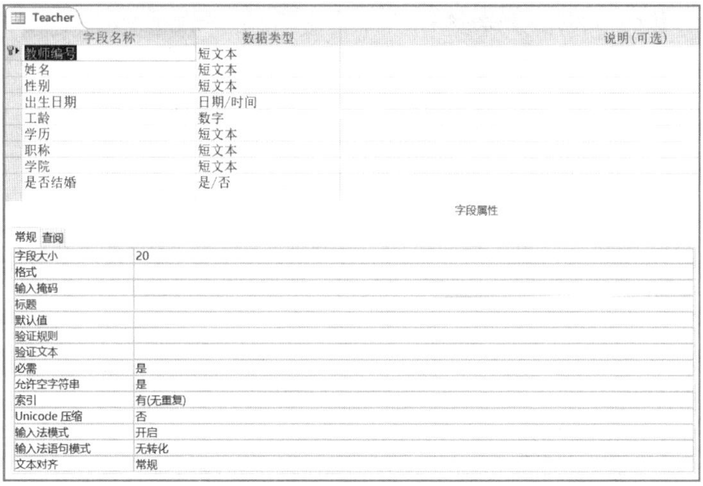

图 4-49 "Teacher"表结构

定义单字段主键或单字段唯一键时，可以直接在字段名称后面加上 PRIMARY KEY 或 UNIQUE。如果要定义多字段主键或单字段唯一主键，则应在 CREATE TABLE 命令中使用 PRIMARY KEY 或 UNIQUE 子句。创建结构与上述"Teacher"表结构一样的"Teacher2"表，"Teacher2"表的主键由"教师编号""姓名"字段构成，则对应的 SQL 语句为：

```
CREATE TABLE Teacher2
( 教师编号 Text(20), 姓名 Text(5) NOT NULL, 性别 Text(1),
  出生日期 Date, 工龄 Int, 学历 Text(10), 职称 Text(10),学院 Text(20),
  是否结婚 Logical, PRIMARY KEY(教师编号,姓名))
```

2．修改表语句

使用 ALTER TABLE 语句可以修改表结构。

（1）修改表字段

修改表字段的语句格式如下：

```
ALTER TABLE <表名> ALTER <字段名称> <数据类型>[(<大小>)]
```

【例 4.17】 使用 SQL 语句，将"Teacher"表的"学院"字段的类型修改为长度为 10 的短文本类型。

```
ALTER TABLE Teacher ALTER 学院 Text(10)
```

▶注意

使用该语句不能修改字段名称。

（2）添加表字段

添加表字段的语句格式如下：

```
ALTER TABLE <表名> ADD <字段名称> <数据类型>[(<大小>)]
```

【例4.18】 使用 SQL 语句，在"Teacher"表中增加"工资"字段，字段的类型为单精度型。

```
ALTER TABLE Teacher ADD 工资 Single
```

（3）删除表字段

删除表字段的语句格式如下：

```
ALTER TABLE <表名> DROP <字段名称>
```

【例4.19】 使用 SQL 语句，删除"Teacher"表中的"工资"字段。

```
ALTER TABLE Teacher DROP 工资
```

3．删除表语句

DROP TABLE 语句用于删除一个表，其格式如下：

```
DROP TABLE <表名>
```

【例4.20】 使用 SQL 语句，删除"Teacher2"表。

```
DROP TABLE Teacher2
```

4．建立索引语句

使用 CREATE INDEX 语句建立索引。其语法格式为：

```
CREATE [UNIQUE] INDEX <索引名称> ON <表名>
(<索引字段1>[ASC|DESC][, <索引字段2>[ASC|DESC][,…]]) [WITH PRIMARY]
```

UNIQUE 指定唯一索引，WITH PRIMARY 指定主索引。ASC 指定索引值的排序方式为升序，DESC 指定为降序。

【例4.21】 使用 SQL 语句为"Teacher"表的"姓名"字段建立索引，并按降序排序，索引名称为"Tname"。

```
CREATE INDEX Tname ON Teacher(姓名 DESC)
```

5．删除索引语句

DROP INDEX 语句用于删除索引，其格式如下：

```
DROP INDEX <索引名称> ON <表名>
```

【例4.22】 使用 SQL 语句，删除"Teacher"表中的"Tname"索引。

```
DROP INDEX Tname ON Teacher
```

4.7.2 数据操纵

使用 INSERT INTO、UPDATE 和 DELETE 语句可以实现数据操纵功能，包括插入记录、更新记录和删除记录。

INSERT
INTO

1．插入记录

使用 INSERT INTO 语句实现记录的插入，其语法格式为：

```
INSERT INTO <表名> [(<字段名称1>[,<字段名称2>[,…]])]
VALUES (<表达式1>[,<表达式2>[,…]])
```

如果省略字段名称，则必须为新记录中的所有字段赋值，且各项数据和表定义的字段一一对应。

【例4.23】 使用 SQL 语句向"Teacher"表中插入两条记录。

```
INSERT  INTO  Teacher
VALUES("800011","姚子煜","女",#1981/9/26#,15,"硕士","副教授","理学院",yes)

INSERT  INTO  Teacher (教师编号,姓名,性别)
VALUES("800023","谢臣宇","男")
```

执行以上两条命令后，"Teacher"表中可以看到两条新插入的记录，如图4-50所示。

教师编号	姓名	性别	出生日期	工龄	学历	职称	学院	是否结婚
800011	姚子煜	女	1981/9/26	15	硕士	副教授	理学院	-1
800023	谢臣宇	男						0

图4-50 "Teacher"表中两条新插入的记录

2．更新记录

使用 UPDATE 语句实现记录的更新，其语法格式为：

```
UPDATE  <表名>  SET <字段名称1>=<表达式1>
[,<字段名称2>=<表达式2>[,…]]  [WHERE <条件>]
```

如果不包含 WHERE 子句，则更新表中所有的记录；如果包含 WHERE 子句，则只更新表中满足条件的记录。

【例 4.24】 使用 SQL 语句将"Teacher"表中所有女硕士的"职称"字段改为"教授"，"工龄"增加 1。

```
UPDATE  Teacher  SET  职称="教授",工龄=工龄+1  WHERE  性别="女" and 学历="硕士"
```

3．删除记录

使用 DELETE 语句实现记录的删除，其语法格式为：

```
DELETE  FROM  <表名> [WHERE <条件>]
```

如果不包含 WHERE 子句，则删除表中所有的记录（该表对象仍保留在数据库中）；如果包含 WHERE 子句，则只删除表中满足条件的记录。

【例 4.25】 使用 SQL 语句删除"Teacher"表中姓"谢"的教师记录。

```
DELETE  FROM  Teacher  WHERE  姓名 Like "谢*"
```

4.7.3 数据查询

SELECT

数据查询是数据库的核心功能，使用 SELECT 语句实现。SELECT 语句功能强大、使用灵活。它既能完成单表查询、多表查询、嵌套查询、合并查询，还能在查询的同时完成数据的分类汇总、排序等其他操作。SELECT 语句的基本格式为：

```
SELECT [ALL|DISTINCT] [TOP <数值> [PERCENT]] * | <目标列1> [[AS] <列标题>][,<目标列2> [[AS]
<列标题>],…]
    FROM <表或查询1>[[AS] <别名1>][,<表或查询2>[[AS]<别名2>,…]
    [ WHERE <条件表达式> ]
    [ GROUP BY  <字段名称> [ HAVING <分组筛选条件>] ]
    [ ORDER BY  <字段名称> [ ASC|DESC ] ]
```

相关说明如下。

（1）ALL：查询结果是满足条件的全部记录，默认值为 ALL。

（2）DISTINCT：查询结果是不包含重复行的记录。

（3）TOP　<数值> [PERCENT]：查询结果只返回前面一定数量或者一定百分比的记录，具体数量或百分比由<数值>指定。

（4）*：查询结果包括所有字段。

（5）[AS] <列标题>：指定查询结果中列的标题名称。

（6）FROM <表或查询>：指定查询的数据源，数据源可以是表也可以是查询。

（7）WHERE <条件表达式>：给出查询的条件，查询结果是满足<条件表达式>的记录集。

（8）GROUP BY<字段名称>：对查询结果进行分组，查询结果是按<字段名称>分组的记录集。

（9）HAVING：必须与 GROUP BY 一起使用，用于限定分组满足的条件。

（10）ORDER BY<字段名称>：查询结果按<字段名称>进行排序。排序方式由 ASC 或 DESC 指定，ASC 是升序，DESC 是降序，默认排序方式是升序。

1．单表查询

单表查询是仅涉及一个表或查询的查询。

（1）查询表中的若干列，格式为：

```
SELECT <目标列1>[,<目标列2>[,…]] FROM <表或查询>
```

【例4.26】 使用 SQL 语句查询"学生"表所有学生的"学号""姓名""入校时间"。

```
SELECT　学号,姓名,入校时间
FROM　学生
```

查询结果如图 4-51 所示。

图 4-51　查询结果

查询的目标列可以是表中的字段，也可以是一个表达式。

【例4.27】 查询"教师"表中所有教师的"姓名""性别""工龄"。

```
SELECT 姓名,性别,Year(Date())-Year([参加工作时间]) AS 工龄
FROM 教师
```

▶提示

　　AS 子句的作用是改变查询结果的列标题。

（2）选择查询，查询表中满足条件的记录，格式为：

```
SELECT <目标列> FROM <表名> WHERE <条件>
```

▶提示

　　WHERE 子句中的条件是一个逻辑表达式，该逻辑表达式由多个关系表达式通过逻辑运算符连接而成。

【例 4.28】 查询"教师"表中女博士的记录。

```
SELECT *
FROM 教师
WHERE 性别="女" And 学历="博士"
```

【例 4.29】 查询"教师"表中 2000 年参加工作的男性高级职称教师的"姓名""参加工作时间""职称""学历"。

```
SELECT 姓名,参加工作时间,职称,学历
FROM 教师
WHERE Year([参加工作时间])=2000 And 性别="男" And 职称 In("教授","副教授")
```

（3）排序查询，使用 ORDER BY 子句可以对查询结果按照一个或多个列的升序（ASC）或降序（DESC）排列，默认排序方式是升序。

【例 4.30】 在"选课成绩"表中查询"期末成绩"大于等于 90 分或者小于 60 分的记录，同一门课程按期末成绩降序排序。

```
SELECT *
FROM 选课成绩
WHERE 期末成绩>=90 Or  期末成绩<60
ORDER BY 期末成绩 DESC
```

使用 TOP 子句可以选出排在前面的若干记录。

【例 4.31】 查询"选课成绩"表中"期末成绩"排在前 5 名的记录。

```
SELECT TOP 5 *
FROM 选课成绩
ORDER BY 期末成绩 DESC
```

【例 4.32】 查询"教师"表中工龄最短的 10 位教师的记录。

```
SELECT TOP 10 *
FROM 教师
ORDER BY Year(Date())-Year([参加工作时间]) ASC
```

▶提示

　　TOP 子句必须和 ORDER BY 子句同时使用。

（4）分组查询，使用 GROUP BY 子句可以对查询结果按照某一列的值分组。分组查询通常与 SQL 聚合函数一起使用，先按指定的数据项分组，再对各组进行合计。如果未分组，则聚合函数将作用于整个查询结果。常用的聚合函数有 COUNT、AVG、SUM、MAX 等。

【例 4.33】 统计"教师"表中各学历的教师人数，显示"学历""人数"。

```
SELECT 学历, COUNT(教师编号) AS 人数
FROM 教师
GROUP BY 学历
```

【例 4.34】 统计"教师"表中"职称"为"教授""副教授"的教师人数和他们的平均工龄，显示"职称""人数""平均工龄"。

```
SELECT 职称, COUNT(教师编号) AS 人数,AVG(Year(Date())-Year([参加工作时间])) As 平均工龄
FROM 教师
WHERE 职称 In("教授","副教授")
GROUP BY 职称
```

也可以使用 HAVING 子句，限定分组满足的条件。

```
SELECT 职称, COUNT(教师编号) AS 人数,AVG(Year(Date())-Year([参加工作时间])) As 平均工龄
FROM 教师
GROUP BY 职称
HAVING 职称 In("教授","副教授")
```

查询结果如图 4-52 所示。

图 4-52　查询结果

2. 多表查询

多表查询同时涉及两个或多个表的数据。进行多表查询时，通常需要指定两个表的连接条件，连接条件中的连接字段一般是两个表中的公共字段或语义相同的字段，该条件放在 WHERE 子句中。以两个表的查询为例，格式为：

```
SELECT <目标列>
FROM <表名 1>,<表名 2>
WHERE <表名 1>.<字段名称 1> = <表名 2>.<字段名称 2>
```

【例 4.35】 查询学生的选课成绩信息，显示"学号""姓名""课程号""期末成绩"。

▶提示

进行多表查询时，先分析查询结果来自哪几个表，并找出各表之间的连接字段，以相"与"的关系放在 WHERE 子句中。本例查询的结果来自"学生""选课成绩"两个表，"学号"字段是两个表的连接字段。

```
SELECT 学生.学号,学生.姓名,选课成绩.课程号,选课成绩.期末成绩
FROM 学生,选课成绩
WHERE  学生.学号=选课成绩.学号
```

查询结果如图 4-53 所示。

图 4-53　查询结果

【例 4.36】 查询总成绩大于等于 90 分的学生选课成绩信息，显示"学号""姓名""课程号""总成绩"。

▶提示

查询条件和两个表的连接字段以相"与"的关系放在 WHERE 子句中。

```
SELECT 学生.学号,学生.姓名,选课成绩.课程号,选课成绩.总成绩
FROM 学生,选课成绩
WHERE  学生.学号=选课成绩.学号  And 选课成绩.总成绩>=90
```

3. 嵌套查询

嵌套查询是指一个 SELECT 语句的查询条件中包含另一个 SELECT 语句,因此嵌套查询又被称为子查询。

【例 4.37】 查询"课程"表中没有被学生选修的课程信息。

```
SELECT *
FROM 课程
WHERE  课程号 Not In(SELECT Distinct 课程号 FROM 选课成绩)
```

4. 合并查询

合并查询是指将两个 SELECT 语句的查询结果通过并(UNION)运算,合并为一个查询结果。合并查询要求两个查询结果包含相同的字段个数,且对应字段的数据类型相同。

【例 4.38】 查询"职称"为"教授""助教"的教师的"姓名""性别""职称"。

```
SELECT 姓名,性别,职称
FROM 教师
WHERE  职称="教授"
UNION
SELECT 姓名,性别,职称
FROM 教师
WHERE  职称="助教"
```

实验

实验 1

一、实验目的

(1)掌握使用查询向导创建查询的方法。
(2)掌握使用查询设计视图创建和修改查询的方法。

二、实验内容

在"学号姓名-高校学生信息库.accdb"的数据库文件中创建以下查询。

1. 使用查询向导创建查询

(1)使用"简单查询向导"创建查询 Q1-1,查找"学生信息"表,显示"学号""姓名""性别""所属学院""专业排名"字段,运行并分析结果。

(2)使用"简单查询向导"创建多表查询 Q1-2,通过"学生信息""课程""选课成绩"表,查找学生的详细信息,显示学生的"学号""姓名""课程号""课程名称""课程学分""总成绩"字段,运行并分析结果。

(3)使用"查找重复项查询向导"创建查询 Q1-3,查找"学生信息"表中重名的学生信息,查询结果包含字段"姓名""学号""出生日期""性别""所属学院",运行并分析结果。

（4）使用"查找不匹配项查询向导"创建查询 Q1-4，查找"学生信息"表中没有选课的学生信息，查询结果包含字段"学号""姓名""所属学院"，运行并分析结果。

2．使用查询设计视图创建查询

（1）创建查询 Q1-5，查找"课程"表，显示"课程号""课程名称""课程教材""开课院系""授课教师""课程学分"字段信息，按照"课程学分"升序排序，运行并分析结果。

（2）创建多表查询 Q1-6，通过"学生信息""选课成绩""课程"表，查找学生选课情况，显示"学号""姓名""课程号""课程名称""课程学分""授课教师""平时成绩""期末成绩"字段，按照"学号"升序排序，按照"课程号"降序排序，运行并分析结果。

（3）创建查询 Q1-7，在"课程"表中查找"课程学分"大于等于 2 并且小于 5 的课程信息，显示"课程号""课程名称""课程教材""授课教师""课程学分"字段，按照"课程学分"升序排序，运行并分析结果。

（4）创建查询 Q1-8，在"学生信息"表中查找"出生日期"在"2003 年 1 月 1 日"之后，性别为"男"，且"总学分绩"大于等于 60 分的学生信息，显示"学号""姓名""性别""出生日期""所属学院""总学分绩"字段，按照"总学分绩"降序排序，运行并分析结果。

（5）创建查询 Q1-9，在"学生信息"表中查找"2002 年"出生，且"籍贯"为"湖南省"的学生信息，显示"学号""姓名""性别""出生日期""籍贯""民族"字段，按照"性别"字段升序排序，按照"出生日期"降序排序，运行并分析结果。

（6）创建查询 Q1-10，在"学生信息"表中查找姓"王"，且"籍贯"为"湖南省""江苏省""河南省""天津市"，且"民族"为"汉族"的学生信息，显示"学号""姓名""性别""出生日期""籍贯""民族"字段，按照"学号"升序排序，运行并分析结果。

（7）创建多表查询 Q1-11，在"学生信息""社团竞赛"表中查找姓名为"王强"的学生的社团竞赛情况，显示"学号""姓名""活动编号""活动名称""社团名称""开始时间""从事角色""综合绩点分数"字段，按照"活动编号"降序排序，运行并分析结果。

（8）创建多表查询 Q1-12，在"学生信息""志愿服务"表中查找已获得学分的"志愿服务名称"为"科技活动志愿者""灾害防控志愿者""社会扶助志愿者"的学生的志愿服务的详细信息，显示"学号""姓名""所属学院""志愿服务名称""是否获得分数""综合绩点分数"字段，按照"综合绩点分数"升序排序，运行并分析结果。

实验 2

一、实验目的

（1）掌握统计查询的设计方法。
（2）掌握交叉表查询、参数查询的设计方法。
（3）掌握各种操作查询的设计方法。

二、实验内容

在"学号姓名-高校学生信息库.accdb"的数据库文件中创建以下查询。

1．使用查询设计视图创建统计查询

（1）设计查询 Q2-1，统计"学生信息"表中"出生日期"大于等于 2003 年 1 月 1 日的男生人数，显示的标题为"男生人数"。

（2）设计查询 Q2-2，统计"课程"表中"外语学院"开设的课程数量，显示的标题为"开课门数"。

（3）设计查询 Q2-3，计算"学生信息"表中每个学生的"年龄"（Year(Date())-Year([出生日期])），显示"学号""姓名""年龄"。

（4）设计查询 Q2-4，分组统计"学生信息"表中不同籍贯的学生人数和平均总学分绩。

（5）设计查询 Q2-5，分组统计"学生信息""课程""选课成绩"表中各课程的总成绩小于 60 的学生人数，显示"课程号""课程名称""不及格人数"。

（6）设计查询 Q2-6，分组统计"学生信息""社团竞赛"表中各个学生参加社团活动的数量以及获得的综合绩点总分，显示"学号""姓名""总数量""综合绩点总分"。

（7）设计查询 Q2-7，分组统计"学生信息"表中"籍贯"为"江苏省""浙江省""上海市""北京市""天津市"的学生人数和平均年龄。

2．交叉表查询

（1）使用交叉表查询向导，快速设计查询 Q2-8，查询"学生信息"表中，每个籍贯中男女学生人数，行标题为"籍贯"，列标题为"性别"。

（2）使用查询设计视图，设计交叉表查询 Q2-9，查询"学生信息""课程""选课成绩"表中，各所属学院的各课程总成绩小于 60 分的学生人数，行标题为"课程名称"，列标题为"所属学院"。

3．参数查询

（1）设计查询 Q2-10，输入课程名称，查询课程的相关信息，显示"课程号""课程名称""开课院系""授课教师""课程学分"。

（2）设计查询 Q2-11，输入"出生日期"S 和 E，查找"籍贯"为 P、"出生日期"介于 S 和 E 之间的学生信息，显示"学号""姓名""出生日期""籍贯"。

4．使用查询设计视图，创建操作查询

（1）设计删除查询 Q2-12，删除"学生信息"表中勒令退学的学生记录。

（2）设计更新查询 Q2-13，将"人工智能学院"的"考核类型"为"闭卷笔试"的课程学分增加 2。

（3）设计生成表查询 Q2-14，按期末成绩占 60%、平时成绩占 40%计算"大学体育"的总成绩，并将总成绩放入新表 Form1 中，表字段包括"课程号""课程名称""总成绩"。

（4）设计追加查询 Q2-15，按期末成绩占 60%、平时成绩占 40%计算"高等数学"的总成绩，并将总成绩追加到表 Form1 中。

实验 3

一、实验目的

（1）掌握 SQL 语句 CREATE、ALTER。

（2）掌握 SQL 语句 INSERT、DELETE、UPDATE。

（3）掌握 SQL 语句 SELECT 的各种查询。

二、实验内容

在"学号姓名-高校学生信息库.accdb"的数据库文件中完成以下操作。

1．数据定义

（1）已知"Book"表结构如表 4-4 所示，设计 SQL 查询 Q3-1 创建"Book"表，设计 SQL 查询 Q3-1B 创建"Book2"表。

表 4-4 "Book" 表结构

字段名称	数据类型	字段大小	主键
书号	短文本	21	是
书名	短文本	20	否
作者	短文本	20	否
出版社	短文本	20	否
价格	数字	单精度	否
有破损	是/否		否
备注	长文本		否

（2）设计 SQL 查询 Q3-2，为 "Book" 表增加 "类别" 字段，为短文本类型，长度为 20。

（3）设计 SQL 查询 Q3-3，修改 "Book" 表中 "出版社" 字段，为短文本类型，长度为 30。

（4）设计 SQL 查询 Q3-4，删除 "Book" 表中 "备注" 字段。

（5）设计 SQL 查询 Q3-5，删除 "Book2" 表。

2．数据操纵

（1）设计 SQL 查询 Q3-6，在 "Book" 表中插入一条新记录：书号为 978-7-115-48×1×-×，书名为大学信息技术与应用，作者为张三，出版社为人民邮电出版社，价格为 59.8 元，有破损为否。

（2）在 Book 表中插入 5 条新记录，其中至少包含两条作者姓 "张" 且书有破损的记录。

（3）设计 SQL 查询 Q3-7，删除 "Book" 表中有破损的作者姓 "张" 的图书记录。

（4）设计 SQL 查询 Q3-8，将 "Book" 表中出版社为人民邮电出版社、有破损的图书的售价打五折（[定价]*0.5）。

3．数据查询

（1）设计 SQL 查询 Q3-9，查找 "学生信息" 表，显示 "学号" "姓名" "性别" "出生日期" 字段信息，运行并分析结果。

（2）设计 SQL 查询 Q3-10，在 "课程" 表查找 "课程学分" 大于等于 2 并且小于等于 4 的课程，显示 "课程号" "课程名称" "课程教材" "授课教师" "课程学分" 字段信息，按照 "课程学分" 降序排序，运行并分析结果。

（3）设计 SQL 查询 Q3-11，在 "志愿服务" 表中查找 "开始时间" 大于等于 2022 年 1 月 1 日，且 "志愿服务考评" 为 "良好" "优秀" 的学生信息，显示 "学号" "志愿服务名称" "开始时间" "志愿服务考评" "综合绩点分数" 字段信息，按照 "综合绩点分数" 升序排序，运行并分析结果。

（4）设计 SQL 查询 Q3-12，在 "社团竞赛" 表中查找 "综合绩点分数" 大于 0 的记录，显示 "学号" "活动名称" "社团名称" "成绩考评" "综合绩点分数" 字段信息，并按照 "综合绩点分数" 升序排序取前 5 条记录，运行并分析结果。

（5）设计 SQL 查询 Q3-13，统计 "学生信息" 表中 "出生日期" 大于等于 2002 年 1 月 1 日的女生的人数，显示的查询标题为 "女生人数"。

（6）设计 SQL 查询 Q3-14，分组统计 "学生信息" 表中不同籍贯的学生人数和平均年龄，并显示 "籍贯" "学生人数" "平均年龄" 字段。

（7）设计 SQL 查询 Q3-15，分组统计 "学生信息" 表中籍贯为 "江苏省" "浙江省" "上海市" "天津市" 的学生人数和平均年龄。

（8）设计 SQL 联合查询 Q3-16，查询"课程名称"中包含"基础"两字的课程的平均课程学分，显示"课程名称""平均课程学分"，联合包含"学"字的课程的平均课程学分。

（9）设计 SQL 子查询 Q3-17，查询"课程"表中"课程学分"大于平均课程学分的课程信息，显示"课程号""课程名称""课程学分"。

（10）设计 SQL 多表查询 Q3-18，通过"学生信息""课程""选课成绩"表，查找选课的详细信息，显示"学号""姓名""课程号""课程名称""期末成绩""平时成绩""获得学分"，按照"学号"升序排序，按照"课程号"降序排序，运行并分析结果。

习题

单项选择题

1. Access 支持的查询类型有（　　）。

   A. 选择查询、生成表查询、追加查询、更新查询、交叉表查询、删除查询

   B. 修订查询、生成表查询、追加查询、更新查询、交叉表查询、删除查询

   C. 开始查询、生成表查询、追加查询、更新查询、交叉表查询、删除查询

   D. 复杂查询、生成表查询、追加查询、更新查询、交叉表查询、删除查询

2. 以下选项中，（　　）不属于查询的 3 种视图。

   A. 设计视图　　　　B. 模板视图　　　　C. 数据表视图　　　　D. SQL 视图

3. 在 Access 中，查询的数据源可以是（　　）。

   A. 表　　　　　　　B. 查询　　　　　　C. 表和查询　　　　　D. 表、查询和报表

4. 以下选项中，（　　）不是操作查询。

   A. 删除查询　　　　B. 更新查询　　　　C. 参数查询　　　　　D. 生成表查询

5. 在统计查询中，能统计销售额总和的函数是（　　）。

   A. AVG(销售额)　　B. MAX(销售额)　　C. MIN(销售额)　　　D. SUM(销售额)

6. 图 4-54 对应要创建的查询是（　　）。

字段	书号	书名	定价	作者名
表	书籍	书籍	书籍	书籍
排序				
显示	✔	✔	✔	✔
条件		[请输入书名：]		
或				

图 4-54　创建查询

   A. 删除查询　　　　B. 更新查询　　　　　C. 参数查询　　　　D. 追加查询

7. 在"商品"表中查找"商品名称"含"空调"的"单价"大于等于 1500 并且小于 3000 的新品信息。如图 4-55 所示，（1）、（2）、（3）中应填入的是（　　）。

字段	商品名称	商品类别	单价	新品否
表	商品	商品	商品	商品
排序				
显示	✔	✔	✔	✔
条件	(1)		(2)	(3)
或				

图 4-55　查询设计

A. （1）Like "空调?"，（2）单价>=1500 and 单价<3000，（3）yes

B. （1）Like "*空调"，（2）单价 Between 1500 And 3000，（3）yes

C. （1）Like "*空调*"，（2）单价>=1500 and 单价<3000，（3）yes

D. （1）Like "*空调*"，（2）单价 Between 1500 And 3000，（3）yes

8. 分组统计"书籍""订单"表中各出版社的图书的销售总数。如图 4-56 所示，（1）、（2）、（3）中应填入的是（　　　）。

字段	出版社名称	（2）
表	书籍	订单
总计	（1）	（3）
排序		
显示	☑	☑
条件		
或		

图 4-56　查询设计

A. （1）GROUP BY，（2）销售总数 AS 数量，（3）合计

B. （1）WHERE，（2）销售总数 AS 数量，（3）计数

C. （1）GROUP BY，（2）销售总数: 数量，（3）合计

D. （1）WHERE，（2）销售总数: 数量，（3）合计

9. 在使用 SQL 语句创建表时，如果对应字段的数据类型为是/否类型，则正确的 SQL 字段数据类型标识符为（　　　）。

A. Logical　　　　　B. Single　　　　　C. Currency　　　　　D. Date

10. 在"商品"表中增加"商品类别"字段，数据类型为短文本类型，长度为 10，正确的 SQL 语句为（　　　）。

A. UPDATE 商品 SET 商品类别 Text(10)

B. ALTER TABLE 商品 ADD 商品类别 Text(10)

C. ALTER TABLE 商品 ALTER 商品类别 Text(10)

D. UPDATE 商品 SET 商品名称=文本(10)

11. 能够插入记录的 SQL 子句是（　　　）。

A. CREATE TABLE　　　　　　　　B. ALTER TABLE

C. INSERT　INTO　　　　　　　　D. UPDATE

12. "商品"表中有"商品编号""商品名称""商品类别""单价""数量"等字段。下面命令的结果是（　　　）。

SELECT AVG(单价) FROM 商品 GROUP BY 商品类别

A. 计算并显示所有商品的平均单价

B. 计算并显示所有商品的商品类别和平均单价

C. 按商品类别顺序计算并显示所有商品的平均单价

D. 按商品类别分组计算并显示不同类别商品的平均单价

13. 对于图 4-57 所示的设计视图创建的查询，用 SQL 语句描述正确的是（　　　）。

字段	职称	性别	学历
表	教师	教师	教师
更新到	"副教授"		
条件		"女"	
或			"硕士"

图 4-57　查询设计

A. UPDATE 教师 SET 职称="副教授" WHERE 性别="女" OR 学历="硕士"

B. UPDATE 教师 SET 职称="副教授" WHERE 性别="女" AND 学历="硕士"

C. ALTER TABLE 教师 SET 职称="副教授" WHERE 性别="女" OR 学历="硕士"

D. ALTER TABLE 教师 SET 职称="副教授" WHERE 性别="女" AND 学历="硕士"

14. "图书"表中有"图书编号""书名""出版社""作者"字段，这些字段的数据类型均为短文本类型，长度为 20，"破损否"字段的数据类型为是/否类型，"图书编号"为主键。编写创建"图书"表的 SQL 语句，如图 4-58 所示，（1）、（2）、（3）中应填入的是（   ）。

```
(1)    TABLE 图书
(书名 Text(20),作者 Text(20),
 图书编号 Text(20) (2)   ,
 出版社 Text(20),破损否(3))
```

图 4-58 SQL 语句

A. （1）ALTER，（2）INDEX，（3）MEMO

B. （1）CREATE，（2）INDEX，（3）MEMO

C. （1）ALTER，（2）PRIMARY KEY，（3）Logical

D. （1）CREATE，（2）PRIMARY KEY，（3）Logical

15. 删除"员工"表中 1961 年出生的或者"籍贯"为"陕西"的员工记录的 SQL 语句，如图 4-59 所示，（1）、（2）、（3）中应填入的是（   ）。

```
(1)   FROM 员工
(2)   (3) OR 籍贯="陕西"
```

图 4-59 SQL 语句

A. （1）DROP，（2）WHERE，（3）Year([出生日期])="1961"

B. （1）DELETE，（2）IF，（3）Year([出生日期])="1961"

C. （1）DROP，（2）IF，（3）Year([出生日期])=1961

D. （1）DELETE，（2）WHERE，（3）Year([出生日期])=1961

第5章 窗体

窗体是管理数据库的窗口，也是连接用户与数据库的桥梁。在 Access 2016 中用户可以通过窗体实现输入、修改、显示和查询数据的操作，可以将整个数据库应用程序组织起来，形成一个完整的应用系统。本章主要介绍窗体的创建、设计及美化方法。

5.1 窗体概述

5.1.1 窗体的功能

窗体是数据库应用系统中的重要对象，它由多种控件组成。窗体包含两类信息：一类是在设计窗体时的一些附加信息，与数据库本身存储的数据无关；另一类是窗体所关联的表中存储的数据，这些数据会随表中数据的变化而变化，是动态信息。"教师基本信息"窗体如图 5-1 所示，其中教师编号、姓名等文字是静态信息，而文本框中的内容是"教师"表中的每个字段的值，查看不同记录时值不相同，是动态信息。

图 5-1 "教师基本信息"窗体

窗体的功能主要包括以下几个。

（1）输入与编辑数据。用户可以设计与数据表相对应的窗体作为输入和编辑数据的界面，从而提高数据输入和编辑的速度及准确性。

（2）显示与打印数据。窗体可以显示来自一个或多个数据表中的数据，还可以显示警告或提示信息，打印相关数据，使数据表中数据的显示和打印更加灵活。

（3）控制应用程序流程。窗体可以与函数、过程相结合，通过编写宏或 VBA 代码完成各种复杂的功能，以便控制应用程序的运行流程。

5.1.2 窗体的分类

窗体有很多种不同的分类方式，按照功能可以将窗体分成以下几类。

（1）数据操作窗体。此类窗体用来显示、输入和修改数据表或查询中的数据，如图 5-1 所示。此类窗体还可以根据数据组织及表现的形式分为单窗体、数据表窗体、分割窗体和多项目窗体。

（2）控制窗体。此类窗体主要用来控制程序的运行，通过控件来响应用户的请求。

（3）显示信息窗体。此类窗体主要用于以数值或图表形式显示信息。

（4）交互式窗体。此类窗体既可以由系统自动生成，也可以由用户自定义产生。系统自动生成的交互式窗体可以显示各种提示信息，如图 5-2 所示。用户自定义产生的交互式窗体可以接收用户输入信息、显示系统运行结果等，作为用户与系统交互的渠道，如图 5-3 所示。

图 5-2　系统自动生成的交互式窗体

图 5-3　用户自定义产生的交互式窗体

按照数据布局方式不同，窗体可分为以下几类。

（1）纵栏式窗体。此类窗体一次只能显示数据表中的一条记录，字段名称和字段值分两列显示，如图 5-4 所示。

（2）数据表窗体。此类窗体与数据表和查询结果的显示界面相同，如图 5-5 所示。

图 5-4　纵栏式窗体

图 5-5　数据表窗体

（3）表格式窗体。此类窗体可以显示多条记录，每行显示一条记录，如图 5-6 所示。

（4）图表窗体。此类窗体用统计图表方式显示对表中数据的统计结果。

（5）主/子窗体。此类窗体用于将具有关联关系的两个表中的数据显示在同一个窗体中，如图 5-7 所示。

图 5-6　表格式窗体

图 5-7　主/子窗体

5.2　创建窗体

Access 2016 创建窗体的方法有：使用系统提供的窗体向导快速创建窗体；根据用户需要使用窗体设计视图创建窗体。

在 Access 2016 的主窗口中，在"创建"功能区中的"窗体"选项组中，包含多种用于创建窗体的功能按钮，如图 5-8 所示。分别单击"导航""其他窗体"可以展开对应的下拉列表，其中包含多种创建特殊窗体的方式，如图 5-9 和图 5-10 所示。

图 5-8　"窗体"选项组

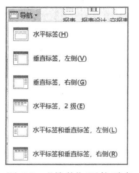

图 5-9　"导航"下拉列表

图 5-10　"其他窗体"下拉列表

5.2.1　自动创建窗体

打开数据库后，可以通过多种方式自动创建窗体。

1．使用"窗体"按钮创建纵栏式窗体

【例 5.1】　使用"窗体"按钮基于"学生"表创建一个纵栏式窗体。

具体操作步骤如下。

（1）打开"选课管理系统"数据库，在导航窗格中选中窗体的数据源"学生"表。

（2）执行"创建→窗体→窗体"命令，系统会自动创建一个窗体。

（3）右键单击"学生"标签，在弹出的快捷菜单中选择"保存"命令，在弹出对话框的文本框中输入"学生（纵栏式）"，保存窗体，如图 5-11 所示。

在图 5-11 中，创建的"学生（纵栏式）"窗体的下半部分显示的与"学生"表相关联的"选课成绩"表中的数据，是与主窗体中当前记录相关联的子表中的记录。

自动创建窗体

图 5-11 使用"窗体"按钮创建的"学生（纵栏式）"窗体

2．使用"多个项目"工具创建表格式窗体

【例 5.2】 使用"多个项目"工具，以"学生"表为数据源，创建表格式窗体。

具体操作步骤如下。

（1）打开"选课管理系统"数据库，在导航窗格中选中窗体的数据源"学生"表。

（2）单击"创建→窗体→其他窗体"按钮，在下拉列表中选择"多个项目"选项。系统会自动生成一个表格式窗体。

（3）右键单击"学生"标签，执行"保存"命令，输入"学生（表格式）"，保存窗体，如图 5-12 所示。

图 5-12 使用"多个项目"工具创建的"学生（表格式）"窗体

3．使用"数据表"工具创建数据表窗体

【例 5.3】 使用"数据表"工具，以"学生"表为数据源，创建数据表窗体。

具体操作步骤如下。

（1）打开"选课管理系统"数据库，在导航窗格中选中窗体的数据源"学生"表。

（2）单击"创建→窗体→其他窗体"按钮，在下拉列表中选择"数据表"选项。系统会自动生成一个数据表窗体。

（3）右键单击"学生"标签，在弹出的快捷菜单中选择"保存"命令，在弹出对话框的文本框中输入"学生（数据表）"，保存窗体，如图 5-13 所示。

图 5-13 使用"数据表"工具创建的"学生(数据表)"窗体

4．使用"分割窗体"工具创建窗体

【例 5.4】 使用"分割窗体"工具,以"学生表"为数据源,创建分割窗体。

具体操作步骤如下。

(1)打开"选课管理系统"数据库,在导航窗格中选中窗体的数据源"学生"表。

(2)单击"创建→窗体→其他窗体"按钮,在下拉列表中选择"分割窗体"选项。系统会自动生成一个分割窗体。

(3)右键单击"学生"标签,在弹出的快捷菜单中选择"保存"命令,在弹出对话框的文本框中输入"学生(分割式)",保存窗体,如图 5-14 所示。

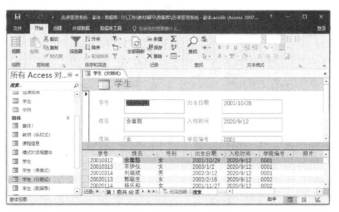

图 5-14 使用"分割窗体"工具创建的"学生(分割式)"窗体

如图 5-14 所示,分割窗体具有两种布局形式:上方是纵栏式,可以浏览某一条记录;下方是数据表式,可以宏观地浏览多条记录。该窗体适用于数据表中存在多条记录而又需要浏览某一条记录明细数据的情况。

5．使用"模式对话框"工具创建窗体

"模式对话框"窗体是一种交互式窗体,该窗体带有"确定"和"取消"两个按钮。

【例 5.5】 使用"模式对话框"工具,创建模式对话框窗体。

(1)单击"创建→窗体→其他窗体"按钮,在下拉列表中选择"模式对话框"选项。系统会自动生成一个模式对话框窗体。

(2)右键单击"窗体"标签,在弹出的快捷菜单中选择"保存"命令,在弹出对话框的文本框中输入"模式对话框",保存窗体,如图 5-15 所示。

图 5-15 使用"模式对话框"工具创建的"模式对话框"窗体

5.2.2 使用窗体向导创建窗体

自动创建窗体可以方便快捷地得到窗体,但不能根据用户需要完成个性化设置。为了根据需要完成个性化的窗体设置,Access 2016 提供了"窗体向导"工具来创建窗体。

使用窗体向导
创建窗体

【例 5.6】使用"窗体向导"工具,以"教师"表为数据源,创建"教师"窗体,具体要求:创建纵栏式窗体,窗体中显示"教师编号""姓名""学院编号""职称"等字段。

具体操作步骤如下。

(1)打开"选课管理系统"数据库,执行"创建→窗体→窗体向导"命令,打开"窗体向导"第一个对话框。

(2)选择数据源。在"表/查询"下拉列表中选择数据源"表:教师",然后在"可用字段"列表框中选择"教师编号""姓名""学院编号""职称",通过 ▷ 按钮将它们添加到"选定字段"列表框中,如图 5-16 所示。

(3)选择窗体布局。单击"下一步"按钮,弹出"窗体向导"第二个对话框,选择"纵栏表",如图 5-17 所示。

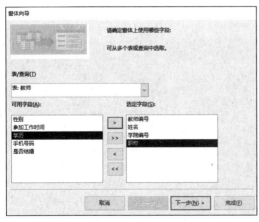

图 5-16 "窗体向导"第一个对话框

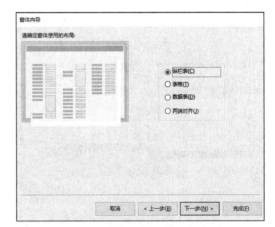

图 5-17 "窗体向导"第二个对话框

(4)单击"下一步"按钮,弹出"窗体向导"第三个对话框,按图 5-18 所示进行设置。

(5)单击"完成"按钮,创建的窗体如图 5-19 所示。

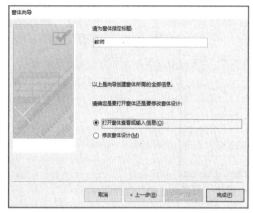

图 5-18 "窗体向导"第三个对话框　　　　　　　图 5-19 "教师"窗体

5.2.3 创建数据表窗体

在 Access 2016 中，可以通过自动创建窗体的方式快速创建数据表窗体，也可以通过窗体向导创建满足用户浏览部分数据要求的数据表窗体。数据表窗体在形式上与数据表视图类似，但是二者的功能不同。数据表窗体主要用于浏览数据，而数据表视图能够显示相应的关联关系。

【例 5.7】 使用"窗体向导"工具，以"学生"表为数据源，创建"学生"窗体，具体要求：创建数据表窗体，窗体中显示"学号""姓名""学院编号"等字段。

具体操作步骤如下。

（1）打开"选课管理系统"数据库，执行"创建→窗体→窗体向导"命令，打开"窗体向导"第一个对话框。

（2）选择数据源。在"表/查询"下拉列表中选择数据源"表:学生"，在"可用字段"列表框中选择"学号""姓名""学院编号"，通过 ▶ 按钮将它们添加到"选定字段"列表框中，如图 5-20 所示。

（3）选择窗体布局。单击"下一步"按钮，弹出"窗体向导"第二个对话框，选择"数据表"，如图 5-21 所示。

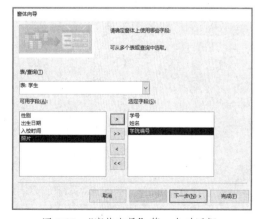

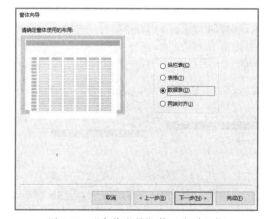

图 5-20 "窗体向导"第一个对话框　　　　　　图 5-21 "窗体向导"第二个对话框

（4）单击"下一步"按钮，弹出"窗体向导"第三个对话框，按图 5-22 所示进行设置。

（5）单击"完成"按钮，创建的窗体如图 5-23 所示。

图 5-22　"窗体向导"第三个对话框

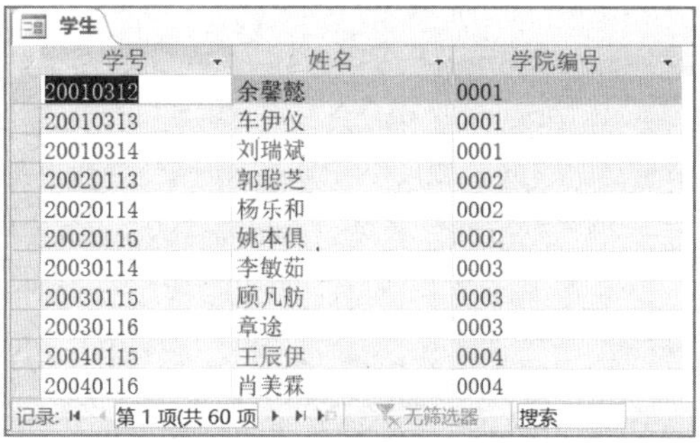

图 5-23　"学生"窗体

5.2.4　创建主/子窗体

在 Access 2016 中，当需要在一个窗体中浏览多个数据表时，可以使用主/子窗体。主/子窗体显示信息的数据源为两个数据表，且这两个数据表间具有一对多关系。主/子窗体可以通过窗体向导和窗体设计视图两种方式创建。

【例 5.8】　创建主/子窗体，显示所有学生的"学号""姓名""学院编号"字段，以及所选课程的"课程号""平时成绩""期末成绩"等字段，将主窗体命名为"学生信息"，子窗体命名为"课程信息"。

具体操作步骤如下。

（1）选择数据源。打开"选课管理系统"数据库，执行"创建→窗体→窗体向导"命令，在打开的"窗体向导"第一个对话框中选择数据源，将"学生"表和"选课成绩"表中的相应字段添加到"选定字段"列表框中，如图 5-24 所示。

（2）确定查看数据的方式。单击"下一步"按钮，选择"通过 学生"查看数据方式，选中"带有子窗体的窗体"单选按钮，如图 5-25 所示。

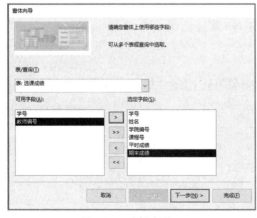

图 5-24　选择字段

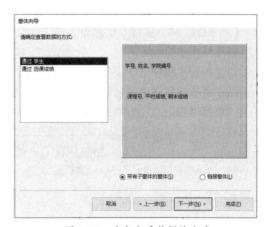

图 5-25　确定查看数据的方式

（3）确定子窗体使用的布局。单击"下一步"按钮，确定子窗体使用的布局，如图 5-26 所示。

（4）确定窗体标题。单击"下一步"按钮，在相应文本框中输入主/子窗体标题，如图 5-27 所示。

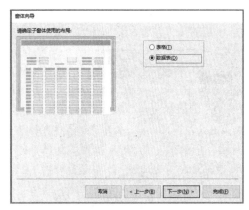
图 5-26 确定子窗体使用的布局

图 5-27 确定窗体标题

（5）单击"完成"按钮，主/子窗体创建完成，如图 5-28 所示。

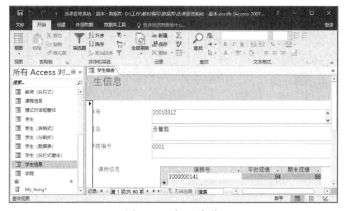
图 5-28 主/子窗体

对于具有一对多关系的两个数据表，需分别创建窗体，此时可以将"多端"的窗体添加到"一端"窗体中，形成主/子窗体。

【例 5.9】 将"教师"窗体设置成"学院"窗体的子窗体。

具体操作步骤如下。

（1）打开主窗体"学院"，切换至"设计视图"。

（2）将导航窗格中"教师"窗体直接拖曳到主窗体的适当位置，如图 5-29 所示，切换视图模式为"窗体视图"。

图 5-29 添加子窗体

5.3 窗体的设计与美化

窗体的基本功能实现后，可以设定窗体上的控件和格式，使窗体布局更加合理，使用更加方便，且具有一定的观赏性。

5.3.1 窗体的设计视图

Access 2016 提供以下几种窗体设计视图：设计视图、窗体视图、布局视图。

（1）设计视图。它是用于创建和修改窗体的视图。在设计视图中用户不仅可以创建窗体，还可以添加控件、设置数据源、调整布局等，如图 5-30 所示。

图 5-30　窗体的设计视图

（2）窗体视图。它是用于用户输入、修改、查看数据的窗口，用于查看窗体的运行结果，如图 5-31 所示。

（3）布局视图。在布局视图下，不可以添加控件，但可以改变控件大小、移动控件位置，如图 5-32 所示。

图 5-31　窗体的窗体视图

图 5-32　窗体的布局视图

执行"创建→窗体→窗体设计"命令，或者在导航窗格中右键单击已有的窗体，在弹出的快捷菜单中选择"设计视图"命令，进入窗体的设计视图。

右键单击设计视图的空白处，在弹出的快捷菜单中选择"页面页眉/页脚"或"窗体页眉/页脚"，显示设计视图的组成，如图 5-33 所示。窗体页眉和窗体页脚只能一起显示或隐藏，页面页眉和页面页脚也只能一起显示或隐藏。

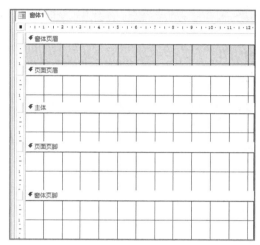

图 5-33　设计视图的组成

窗体设计视图包含 5 节，它们分别是"窗体页眉"节、"页面页眉"节、"主体"节、"页面页脚"节、"窗体页脚"节。各节的具体作用如下。

（1）"窗体页眉"节。该节用于设置窗体的标题、使用说明，或者打开相关窗体及执行其他功能的命令等。在显示窗体数据时，"窗体页眉"节上的内容只显示在第一页的头部。

（2）"页面页眉"节。该节用于设置窗体在显示时的页面头部信息，如字段名称等。在显示窗体数据时，"页面页眉"节上的内容显示在每页的顶部。

（3）"主体"节。该节用于显示窗体对应的数据表中的数据，可以显示一条或多条记录。

（4）"页面页脚"节。该节用于设置窗体在显示时的页脚信息，如页码。在显示窗体数据时，"页面页脚"节内容显示在每页的底部。

（5）"窗体页脚"节。该节用于显示对所有记录都需显示的内容，如使用说明等。在显示窗体上的数据时，"窗体页脚"节上的数据只显示在最后一页的"主体"节内容之后。

在窗体的设计视图下，单击"窗体设计工具→设计→添加现有字段"按钮，打开"字段列表"任务窗格，如图 5-34 所示。此任务窗格中会显示该窗体对应的数据表中的字段，如果单击"显示所有表"，则会显示当前数据库中的所有数据表。

图 5-34　"字段列表"任务窗格

5.3.2　窗体的常用控件及使用方法

在窗体的设计视图中，可以通过添加控件来显示数据、执行操作、装饰窗体。Access 2016 中的控件大体分 3 类：绑定型控件、未绑定型控件和计算型控件。

（1）绑定型控件（如文本框）主要用于显示、输入、更新数据表中的字段。

（2）未绑定型控件（如标签）主要用于显示信息。

（3）计算型控件是以表达式为数据源的控件。

在窗体的设计视图中，"窗体设计工具→设计→控件"选项组中提供了多种控件，下面通过示例介绍几种常用控件的使用方法。

1．标签控件

【例 5.10】 创建一个窗体，在该窗体的"窗体页眉"处添加一个标签控件，用于显示窗体标题"学生基本信息"。

标签控件和
文本框控件

具体操作如下。

（1）执行"创建→窗体→窗体设计"命令，创建新窗体并打开窗体的设计视图。右键单击窗体主体部分空白处，在弹出的快捷菜单中选择"窗体页眉/页脚"，此时窗体的设计视图如图 5-35 所示。

（2）单击"控件→控件 Aa"按钮，单击"窗体页眉"处适当位置，添加一个标签控件，然后在标签内输入文本"学生基本信息"，如图 5-36 所示。

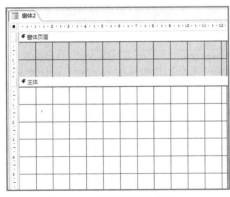

图 5-35　窗体的设计视图

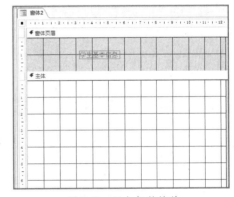

图 5-36　添加标签控件

2．文本框控件

【例 5.11】 在图 5-36 所示窗体主体中创建 4 个文本框控件："学号""姓名""性别""学院编号"。

具体操作步骤如下。

（1）单击"窗体设计工具→设计→添加现有字段"按钮，打开"字段列表"任务窗格，展开"学生"表，显示其中所有字段。

（2）将"学号""姓名""性别""学院编号"字段依次拖动到窗体主体的适当位置即可，如图 5-37 所示。

如果想创建未绑定型文本框控件，在"控件"选项组中，单击"文本框 abl"按钮，然后单击窗体主体的目标位置即可，此时系统会打开"文本框向导"对话框，用户可根据向导提示对文本框进行相应的设置。

图 5-37　创建文本框控件

3．选项组控件

选项组控件是由一组文本框和一组复选框、选项按钮或切换按钮组成的。相当于将多个单选按钮或复选框组成一个选项，便于对某类数据进行设置。例如窗体中经常出现的"性别"字段，其值为"男"或"女"，选中其中一个值时，另一个值会自动取消选中。

选项组控件

【例 5.12】在"教师"窗体中创建一个选项组控件，两个选项标签为"男""女"，标签对应值分别为"0""1"，默认选项为"男"，将设置的值保存到"性别"字段，将选项组指定为"选项按钮"，其标题设置为"性别"。

具体操作步骤如下。

（1）打开"教师"窗体，打开"常用控件"选项组，如图 5-38 所示，单击"使用控件向导→控件→选项组 [XYZ]"按钮。单击窗体主体的目标位置，弹出"选项组向导"对话框，在"标签名称"下方文本框中输入"男""女"，如图 5-39 所示。

图 5-38　打开"常用控件"选项组

图 5-39　"选项组向导"对话框

（2）单击"下一步"按钮，选择"是，默认选项是"，并指定"男"为默认值，如图 5-40 所示。

（3）单击"下一步"按钮，设置"男"的选项值为"0"，"女"的选项值为"1"，如图 5-41 所示。

图 5-40　指定"男"为默认值

图 5-41　设置每个选项的值

（4）单击"下一步"按钮，选中"在此字段中保存该值"，并在右侧的下拉列表中选择"性别"字段，如图 5-42 所示。

（5）单击"下一步"按钮，可以设置"选项按钮"及所用的按钮样式，如图 5-43 所示。

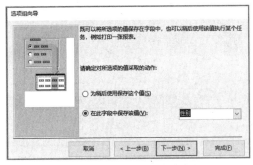

图 5-42　设置选项组保存字段　　　　　图 5-43　指定选项组中使用的控件类型及所用样式

（6）单击"下一步"按钮，在文本框中输入选项组的标题，如图 5-44 所示。

（7）单击"完成"按钮，返回窗体的设计视图，通过拖动控件，调整位置，切换到"窗体视图"，设置结果如图 5-45 所示。

图 5-44　设置选项组标题　　　　　　图 5-45　选项组设置结果

4．列表框控件

列表框控件可以指定一组数据，通过打开列表框选择实现数据的输入，例如，"职称"字段的值包含"教授""副教授""讲师""助教"等，将这些值放到列表框控件中，只需单击就可完成数据的输入。

【例5.13】 在"教师"窗体中创建一个列表框控件，值分别为"教授""副教授""讲师""助教"，将设置的值保存到"职称"字段，列表框标题为"职称"。

具体操作步骤如下。

（1）打开"教师"窗体，切换到"设计视图"，单击"常用控件→使用控件向导→控件→列表框"按钮。单击窗体主体的目标位置，弹出"列表框向导"对话框，选择"自行键入所需的值"，如图 5-46 所示。

（2）单击"下一步"按钮，指定列数为"1"，然后在每个单元格中输入具体数值"教授""副教授""讲师""助教"，如图 5-47 所示。

（3）单击"下一步"按钮，选择"将该数值保存在这个字段中"，在右侧下拉列表中选择"职称"，如图 5-48 所示。

（4）单击"下一步"按钮，在文本框中输入为列表框指定的标签，如"职称"，如图 5-49 所示。

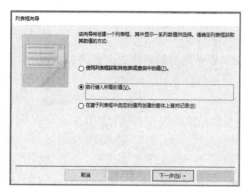

图 5-46　确定列表框获取其数值的方式

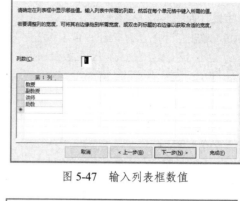

图 5-47　输入列表框数值

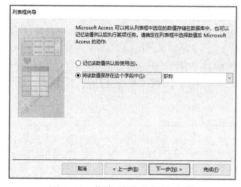

图 5-48　指定数值的保存字段

图 5-49　输入为列表框指定的标签

（5）单击"完成"按钮，切换至"窗体视图"，列表框设置结果如图 5-50 所示。

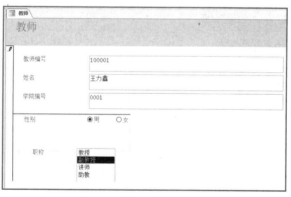

图 5-50　列表框设置结果

5．组合框控件

使用列表框控件能够实现在列表框中选择所需数据的操作，但不能手动输入数据，要想完成此操作，需要用到组合框控件。

【例 5.14】　在"教师"窗体中创建关于"职称"的组合框控件。

具体操作步骤如下。

（1）打开"教师"窗体，切换到"设计视图"，单击"常用控件→使用控件向导→控件→组合框 "按钮。单击窗体主体的目标位置，弹出"组合框向导"对话框，选择"自行键入所需的值"，如图 5-51 所示。

组合框控件

（2）单击"下一步"按钮，指定列数为"1"，然后在每个单元格中输入具体数值"教授""副教授""讲师""助教"，如图 5-52 所示。

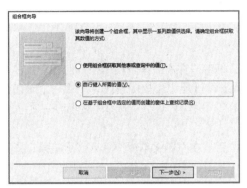
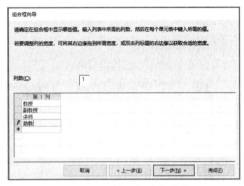

图 5-51　确定组合框获取其数值的方式　　　　　　图 5-52　输入组合框数值

（3）单击"下一步"按钮，选择"将该数值保存在这个字段中"，在右侧下拉列表中选择"职称"，如图 5-53 所示。

（4）单击"下一步"按钮，在文本框中输入为组合框指定的标签，如"职称"，如图 5-54 所示。

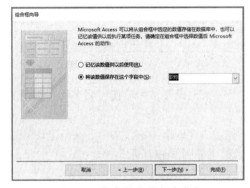

图 5-53　指定数值的保存字段　　　　　　图 5-54　输入为组合框指定的标签

（5）单击"完成"按钮，利用拖曳的方式调整控件的位置，切换至"窗体视图"，组合框设置结果如图 5-55 所示。

图 5-55　组合框设置结果

6．命令按钮控件

命令按钮控件是以按钮的形式来实现某种操作的，如确定、取消、保存等。

【例 5.15】 为"教师"窗体，添加两个命令按钮，实现窗体中记录的浏览操作，两个命令按钮分别显示"上一条记录""下一条记录"。

具体操作步骤如下。

（1）打开"教师"窗体，切换到"设计视图"，单击"常用控件→使用控件向导→控件→按钮 ▭"按钮。在窗体"页面页脚"节的适当位置单击，打开"命令按钮向导"第一个对话框，在该对话框的"类别"列表框中选择"记录导航"，在"操作"列表框中选择"转至前一项记录"，如图 5-56 所示。

（2）单击"下一步"按钮，选中"文本"单选按钮，在右侧文本框中输入"上一条记录"，如图 5-57 所示。

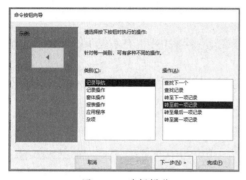

图 5-56　选择操作

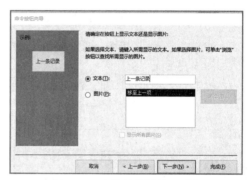

图 5-57　为按钮设置显示形式

（3）单击"下一步"按钮，在文本框中输入"上一条记录"，为按钮设置名称，如图 5-58 所示。

（4）单击"完成"按钮，完成相关操作，可用同样的方法向窗体中添加"下一条记录"按钮，完善窗体设置，切换至"窗体视图"，命令按钮设置结果如图 5-59 所示。

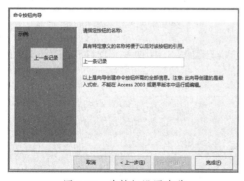

图 5-58　为按钮设置名称

图 5-59　命令按钮设置结果

7．选项卡控件

当窗体中存在多个控件时，可以利用选项卡控件来组织。选项卡控件可以对窗体进行分页，实现在不同页中分类显示信息的功能。在选项卡控件的每一页上都可以添加控件。

【例 5.16】 利用选项卡控件，实现窗体分页操作，第 1 页标题为"教师信息"，第 2 页标题为"学生信息"。

具体操作如下。

（1）选择"创建→窗体→窗体设计"命令，切换到窗体设计视图，单击"控件→选项卡 "按钮，单击窗体主体的适当位置，添加选项卡控件，如图 5-60 所示。

（2）单击"工具→属性表"按钮，打开"属性表"对话框。单击选项卡"页 1"，在"属性表"对话框中"格式"选项卡中选择"标题"属性，在对应文本框中输入"教师信息"；单击选项卡"页 2"，在"属性表"对话框中的"格式"选项卡中选择"标题"属性，在对应文本框中输入"学生信息"。选项卡设置结果如图 5-61 所示。

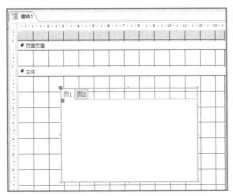

图 5-60　添加选项卡控件

图 5-61　选项卡设置结果

选项卡控件在添加时默认只有两页，可以通过右键单击选项卡的某一页，在弹出的快捷菜单中选择"插入页"或"删除页"，实现增加或减少选项卡的页的操作。

【例 5.17】 在例 5.16 窗体的"选项卡控件"中的"教师信息"选项卡里添加一个列表框，在"学生信息"选项卡里添加一个列表框，这两个列表框分别显示"教师信息""学生信息"。

具体操作步骤如下。

（1）在例 5.16 窗体的设计视图中，单击"教师信息"页，然后单击"控件→列表框"按钮，在窗体中单击要放置控件的位置，弹出"列表框向导"第一个对话框，选择"使用列表框获取其他表或者查询中的值"，如图 5-62 所示。

（2）单击"下一步"按钮，选择"表:教师"，如图 5-63 所示。

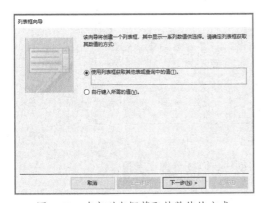

图 5-62　确定列表框获取其数值的方式

图 5-63　选择数据源表

（3）单击"下一步"按钮，选择最终出现在列表框中的字段，如图 5-64 所示。
（4）单击"下一步"按钮，选择需要排序的字段及它们的顺序，如图 5-65 所示。

图 5-64　选择最终出现在列表框中的字段

图 5-65　选择需要排序的字段及它们的顺序

（5）单击"下一步"按钮，可以调整列表框每一列的宽度，如图 5-66 所示。

（6）单击"下一步"按钮，在打开的对话框中设定列表框标签为"教师信息"，单击"完成"按钮，在"设计视图"中通过拖曳的方式调整"教师信息"列表框标签的位置和大小。单击"属性表"对话框中"格式"选项卡，在"列标题"属性中选择"是"，使列表框中的字段名称显示出来，如图 5-67 所示。切换到"窗体视图"，即可查看"教师信息"，如图 5-68 所示。

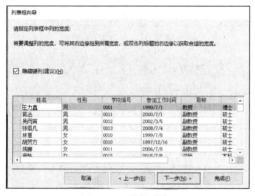

图 5-66　调整列宽

图 5-67　列表框显示字段名称

图 5-68　窗体视图中的选项卡控件

（7）用同样的方法完成"学生信息"的列表框的创建，以完善选项卡控件。

8．图像控件

利用图像控件用户可以将图片等对象添加到窗体中，从而起到美化窗体的作用，也能直观地显示重要信息。

单击"窗体设计工具设计→设计→控件→图像 "按钮，在窗体设计视图中绘制图像控件，在弹出的"插入图片"对话框中选中图片文件，图片将显示在窗体中。此操作比较简单，不再赘述。

5.3.3 窗体和控件的常用属性

Access 2016 中的窗体和窗体中的每一个控件都具有各自的属性，通过设置对象属性可以得到不同外观和功能的对象。

单击"窗体设计工具→设计→工具→属性表"按钮，弹出"属性表"对话框，如图 5-69 所示，在此对话框中可以设置窗体和控件的属性。在"所选内容的类型"的下拉列表里包含当前窗体中的所有对象，选择某一对象后，可选择下面"格式""数据""事件""其他""全部"5 个选项卡来设定该对象的属性。各选项卡的主要作用如下。

（1）"格式"选项卡：设置窗体或控件的外观属性。

（2）"数据"选项卡：设置窗体或控件的数据源或与数据操作相关的属性。

（3）"事件"选项卡：对窗体或控件能够响应的事件进行设置。

（4）"其他"选项卡：设置窗体或控件的非格式、数据和事件类属性。

（5）"全部"选项卡：可以显示或设置所有选项卡中的属性内容。

图 5-69 "属性表"对话框

1．格式属性

常用的窗体和控件的格式属性及其作用，如表 5-1 所示。

表 5-1 常用的窗体和控件的格式属性及其作用

对象	属性	作用
窗体	标题	指定窗体标题栏中的内容
	默认视图	指定窗体默认的显示视图模式
	图片	设置窗体的背景图片
	边框样式	设置窗体的边框样式
	导航按钮	设置窗体是否具有导航按钮
	记录选择器	设置窗体左上角是否具有记录选择器
	分隔线	设置窗体各节之间是否显示分隔线
	关闭按钮	设置窗体关闭按钮是否可用
	最大最小化按钮	设置窗体是否具有最大最小化按钮

对象	属性	作用
控件	标题	指定控件中显示的文字
	字体名称	设置控件中显示的文字的字体
	前景色	设置控件中显示的文字的颜色
	字号	设置控件中显示的文字的字号
	文本对齐	设置文字在控件中的对齐方式
	字体粗细	设置控件中显示的文字的粗细
	宽度	设置控件的宽度
	高度	设置控件的高度
	背景色	设置控件的背景色
	可见	设置控件在窗体视图中是否可见
	特殊效果	设置控件的显示效果

2. 数据属性

常用的窗体和控件的数据属性及其作用，如表 5-2 所示。

表 5-2　常用的窗体和控件的数据属性及其作用

对象	属性	作用
窗体	记录源	设置窗体的数据源
	排序依据	设置对窗体数据源中记录进行排序的依据
	数据输入	设置是否允许添加新记录
	筛选	设置对窗体数据源的筛选
控件	控件来源	设置一个字段或表达式作为选定控件的数据源
	输入掩码	设置控件的输入格式，仅对短文本类型数据和日期/时间类型数据有效
	默认值	设定计算型控件或未绑定型控件的初始值
	有效性规则	设置在控件中输入的数据不符合有效性规则时进行合法性检查的表达式
	有效性文本	设置当输入的数据不符合有效性规则时显示的提示信息
	可用	设置切换到窗体视图后控件是否可用

3. 事件属性

常用的窗体和控件的事件属性及其作用如表 5-3 所示。

表 5-3　常用的窗体和控件的事件属性及其作用

对象	属性	作用
窗体	单击	用于设定单击窗体时所执行的宏或函数
	打开	用于设定窗体打开前所执行的宏或函数
	关闭	用于设定窗体关闭前所执行的宏或函数
	成为当前	用于设定焦点从一条记录移到另一条时所执行的宏或函数
	加载	用于设定窗体被加载时所执行的宏或函数
	激活	用于设定激活窗体时所执行的宏或函数
	调整大小	用于设定窗体调整大小时所执行的宏或函数

对象	属性	作用
控件	单击	用于设定单击控件时所执行的宏或函数
	双击	用于设定双击控件时所执行的宏或函数
	进入	用于设定控件第一次获得焦点时所执行的宏或函数
	获得焦点	用于设定控件获得焦点时所执行的宏或函数
	失去焦点	用于设定控件失去焦点时所执行的宏或函数
	退出	用于设定控件在相同窗体上失去焦点时所执行的宏或函数

▶注意

在窗体和控件的各种属性中，"名称"属性尤为重要，因为窗体中的每一个控件都是一个对象，都必须有唯一的名字，即"名称"，通过该属性才能引用该控件。

5.3.4　窗体布局

在窗体的设计视图中，可以通过调整控件的大小和位置，对窗体布局进行调整。具体操作主要包括：选择控件、移动控件、改变控件大小及对齐控件。

1．选择控件

选择控件的操作包括以下 5 种。

（1）选择单个控件：单击控件。

（2）选择多个相邻的控件：从窗体空白处拖曳鼠标，拖出一个虚线框，凡是出现在虚线框中的控件都会被选中。

（3）选择任意多个不相邻的控件：按住"Shift"键的同时，依次单击要选择的控件。

（4）选择一组控件：在垂直标尺或水平标尺上按住鼠标左键，此时会出现一条直线（竖线或横线），释放鼠标左键，直线所在位置的所有控件都被选中，拖曳直线，再释放鼠标，直线所经过区域内的控件都被选中。

（5）选择所有控件：按"Ctrl+A"组合键。

2．移动控件

选中控件，将鼠标指针移至所选控件的边框上，按住鼠标左键拖曳即可移动控件；还可以直接利用键盘上的方向键控制控件移动。

3．改变控件大小

当选择控件后，控件周围会出现 8 个点，这 8 个点被称为"控制点"，如图 5-70 所示。通过拖曳控制点可以完成对控件大小的调整。

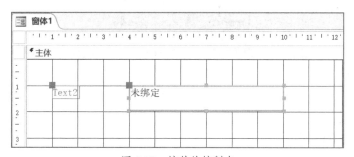

图 5-70　控件的控制点

（1）调整控件宽度：拖曳左侧和右侧中间的控制点。

（2）调整控件高度：拖曳上边和下边中间的控制点。

（3）同时调整控件的宽度和高度：拖曳四角（除左上角）控制点。

4．对齐控件

设置控件的对齐方式可以通过设置每个控件的"上边距"和"左"属性来完成，也可以通过系统提供的"控件对齐方式"命令来完成。具体操作如下。

（1）选择需要对齐的多个控件。

（2）单击"窗体设计工具→排列→调整大小和排序→对齐"按钮，在打开的下拉列表中，选择一种对齐方式，如图 5-71 所示。

图 5-71　选择一种对齐方式

5.3.5　设置窗体主题

通过设置窗体主题可以修饰和美化窗体，Access 2016 提供统一的设计元素和配色方案，可以使得数据库中所有窗体具有统一的色调。

【例 5.18】　对"选课管理系统"数据库应用主题。

具体操作步骤如下。

（1）打开"选课管理系统"数据库，打开某一个窗体，如"学生"，切换到"设计视图"。

（2）单击"窗体设计工具→设计→主题"按钮，打开"主题"下拉列表，如图 5-72 所示，在列表中双击所需主题即可应用主题。

图 5-72　打开"主题"下拉列表

5.3.6　设置条件格式

使用条件格式可以为符合条件的值自动应用指定的格式，从而大大提高设置数据格式的效率。

【例5.19】 将"课程信息"窗体中"期末成绩"小于60的文字设置为特定格式。

具体操作步骤如下。

（1）打开"课程信息"窗体，切换至"设计视图"。

（2）选择窗体中的"期末成绩"字段，单击"窗体设计工具→格式→控制格式→条件格式"按钮，弹出"条件格式规则管理器"对话框，如图5-73所示。

（3）单击"新建规则"按钮，弹出"新建格式规则"对话框，单击"字段值"旁边的列表框右侧的下拉按钮，在打开的下拉列表中选择"小于"，在右侧的文本框中输入"60"，在下方设置文字颜色为红色，如图5-74所示。

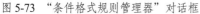

图5-73 "条件格式规则管理器"对话框   图5-74 新建格式规则

（4）单击"确定"按钮，弹出"条件格式规则管理器"对话框，此时已经设定好条件格式，如图5-75所示。

（5）单击"确定"按钮，切换窗体至"数据表视图"，观察设置结果。

图5-75 已经设定好条件格式

5.3.7 设置提示信息

为使得窗体更加友好、清晰，可以为窗体中的一些数据添加提示信息，当控件获得焦点时会显示该提示信息。

【例5.20】 在"学生"窗体中，为"姓名"字段添加提示信息。

具体操作步骤如下。

（1）打开"学生"窗体，切换至"设计视图"。选择要添加提示信息的字段"学生"的文本框。

（2）打开"属性表"对话框，单击"其他"选项卡，在"控制提示文本"属性中输入提示信息"学生姓名"。

（3）保存窗体设置，切换至"窗体视图"，当鼠标指针指向设置了提示信息的字段时就会出现相应提示，如图5-76所示。

图 5-76　设置提示信息

实验

一、实验目的

（1）掌握自动创建窗体的方法。

（2）掌握使用设计视图创建窗体的方法。

二、实验内容

在"学号姓名-高校学生信息库.accdb"的数据库文件中创建窗体。

1. 自动创建窗体，运行并查看结果

（1）选中"课程"表，单击"创建→窗体"按钮创建窗体，并将该窗体保存为 F01。

（2）为"学生信息"表前 3 条记录的"照片"字段添加 OLE 对象照片（至少包括一张 BMP 格式照片）。选中"学生信息"表，执行"创建→窗体→其他窗体→多个项目"命令，创建表格式窗体，并将该窗体保存为 F02，观察显示效果。

（3）选中"选课成绩"表，执行"创建→窗体→其他窗体→数据表"命令，创建数据表窗体，并将该窗体保存为 F03。

（4）选中"选课成绩"表，执行"创建→窗体→其他窗体→分割窗体"命令，创建分割窗体，并将该窗体保存为 F04。

（5）执行"创建→窗体→空白窗体"命令，创建空白窗体，单击"显示所有表"链接，以 3 种方式逐个导入"学生信息"表的所有字段，并将该窗体保存为 F05。

（6）使用窗体向导，创建涉及"学生信息""选课成绩"表的窗体，显示字段"学号""姓名""性别""课程号""课程名称""期末成绩"。

分别进行 3 次操作：

① 查看数据方式为"通过 学生信息""带有子窗体的窗体"，布局方式为"表格"，并将该窗体保存为 F061；

② 查看数据方式为"通过 学生信息""链接窗体"，并将该窗体保存为 F062；

③ 查看数据方式为"通过 学生信息""带有子窗体的窗体"，布局方式为"数据表"，并将该窗体保存为 F063。

2. 使用设计视图设计窗体，运行并查看结果

（1）执行"创建→窗体→窗体设计"命令，单击"添加现有字段"按钮，通过"字段列表"任务窗格向窗体添加字段"学号""性别""出生日期""籍贯""所属学院""照片"，调整到适当的位置和大小，删除标签"照片"，结果如图 5-77 所示。

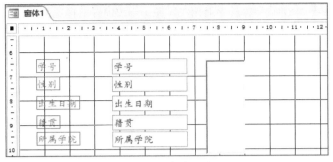

图 5-77　窗体设计

（2）拖动"窗体设计工具→设计"选项卡中的"文本框"图标，生成文本框控件，打开"属性表"对话框，在"全部"选项卡中将控件名称设定为"Text0x"，控件来源设定为"姓名"字段。

（3）删除"性别"控件；拖动"组合框"工具生成组合框控件，在"组合框向导"对话框中选择"自行键入所需的值"，输入值"男""女"，如图 5-78 所示，选择将该数值保存在"性别"字段中，为组合框指定标签为"Combo0x"。

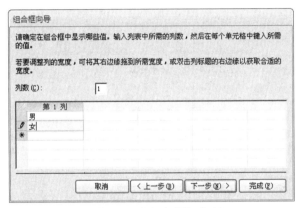

图 5-78　"组合框向导"对话框

（4）拖动"按钮"工具，依次生成 4 个按钮，在"命令按钮向导"对话框中分别选择"转至第一项记录""转至下一项记录""转至前一项记录""转至最后一项记录"，生成的按钮如图 5-79 所示。

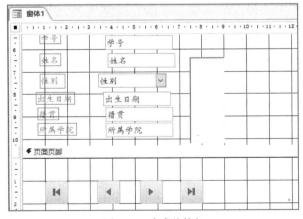

图 5-79　生成的按钮

111

（5）在"属性表"中屏蔽窗体的导航相关属性，修改窗体的标题为"学生信息"，修改背景色为"粉色"，将窗体保存为 F07。

3．创建窗体，运行并查看结果

设置"选课成绩"表中的数据的条件格式。

① 选中"选课成绩"表，执行"创建→窗体→其他窗体→数据表"命令，创建窗体。

② 在设计视图或布局视图下，选中"总成绩"字段，执行"窗体设计工具→格式→空间格式→条件格式"命令。

③ 条件格式规则设定。期末成绩小于 60 的数据的字体显示为红色、加粗；期末成绩在 60～90 的数据的字体显示为红色、加粗，背景色为浅蓝；期末成绩大于 90 的数据的字体显示为深蓝、加粗，背景色为黄色，如图 5-80 所示。将窗体保存为 F08。

图 5-80　条件格式规则设定

习题

单项选择题

1. Access 2016 中用于设计输入界面的对象是（　　）。

    A．查询　　　　　　　B．报表　　　　　　　C．窗体　　　　　　　D．数据表

2. 窗体的设计视图包含（　　）节。

    A．5　　　　　　　　B．4　　　　　　　　C．3　　　　　　　　D．2

3. 以下操作中，（　　）操作不能创建窗体。

    A．使用窗体向导创建　　　　　　　　　B．使用自动创建窗体功能创建

    C．在设计视图中直接创建　　　　　　　D．使用 SQL 语句创建

4. 在（　　）中可以创建或修改窗体。

    A．设计视图　　　　　B．窗体视图　　　　　C．数据表视图　　　　D．透视表视图

5. 以下关于绑定型控件和未绑定型控件的说法中，错误的是（　　）。

    A．用于指定数据表或查询中的一个字段作为数据源的控件为绑定型控件

    B．标签可以作为绑定型控件

    C．未绑定型控件主要用于显示信息

    D．文本框、组合框和列表框等控件都可以作为绑定型控件

6. 以下选项中，（　　）控件没有数据来源。

    A．绑定型　　　　　　B．未绑定型　　　　　C．计算型　　　　　　D．以上 3 种都是

7. 以下选项中，不属于窗体控件的是（　　）。

    A．表　　　　　　　　B．文本框　　　　　　C．标签　　　　　　　D．列表框

8. 若一个数据表中存在数据类型为 OLE 对象的字段，通过向导创建窗体后，该字段使用的默认控件是（　　）。

    A．文本框   B．按钮   C．绑定对象框   D．图像

9. 在窗体中，既可以通过键盘输入数据，又可以通过列表选择数据的控件是（　　）。

    A．文本框   B．标签   C．组合框   D．列表框

10. 用来改变控件中文字颜色的属性为（　　）。

    A．文本颜色   B．背景色   C．字体颜色   D．前景色

11. 在某个窗体中，最适合为"考评"字段提供"优秀""合格""不合格"等选项供用户选择的控件是（　　）。

    A．标签   B．文本框   C．复选框   D．组合框

12. 以下关于列表框和组合框的叙述中，正确的是（　　）。

    A．组合框只能选择定义好的选项，列表框则可以输入新值

    B．列表框只能选择定义好的选项，组合框则可以输入新值

    C．两种控件功能上完全相同，只是设置属性不同

    D．两种控件功能上完全相同，只是外观不同

13. 创建主/子窗体前，要确定主窗体的数据源与子窗体的数据源之间存在（　　）关系。

    A．一对一   B．一对多   C．多对一   D．多对多

14. Access 的控件对象可以通过设置（　　）属性来控制对象在窗体视图中是否可见。

    A．默认值   B．何时显示   C．可用   D．可见

15. 若有图 5-81 所示的消息框，则表明（　　）。

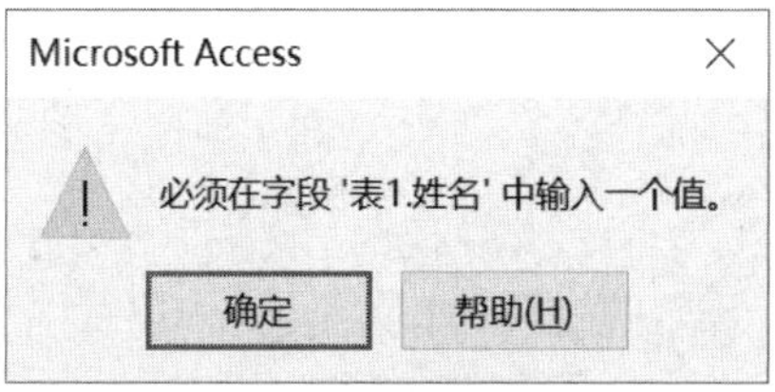

图 5-81　消息框

    A．该窗体是交互式窗体

    B．该提示属于系统警告提示或设计者设定的警告提示

    C．可能表示某个控件（如文本框）没有接收到正确输入

    D．所有选项都正确

16. 创建窗体时，"其他窗体"下拉列表中没有（　　）。

    A．分割窗体   B．空白窗体   C．数据表   D．多个项目

17. 选中"教师"表，单击 ▦ 按钮，则（　　）。

    A．生成空白窗体   B．生成纵栏式窗体

    C．无法显示"教师"表的子数据表   D．默认进入窗体设计视图

18. 使用"数据表"工具创建窗体，正确的说法是（　　）。

    A．与数据表视图下显示表的内容完全相同

    B．改变窗体上的数据，对应的数据表中数据不会发生变化

    C．创建的窗体能显示 BMP 图片文件内容

    D．以上选项都不正确

19. 假如已经建立的"计算工资"窗体如图 5-82 所示，则在（　　　）中可以调整第一行与第二行文本框的位置。

图 5-82　"计算工资"窗体

　　A. 设计视图　　　　B. 窗体视图　　　　C. 数据视图　　　　D. 任意视图

20. 设计窗体时，可通过设置命令按钮的某个属性来指定按钮上要显示的文字，该属性是（　　　）。

　　A. 名称　　　　　　B. 标题　　　　　　C. 格式　　　　　　D. 图像

第6章　报表

在 Access 数据库中，报表是用来打印和输出数据的。报表可以按照用户需要将数据提取出来进行整理、分类、汇总等，并按要求的格式进行打印，方便用户分析和查看。本章主要介绍报表的组成、类型以及如何创建报表等。

6.1　报表概述

报表是 Access 中用来打印数据库信息的对象。报表和窗体一样，都属于用户界面。建立报表的目的是以纸张的形式保存或输出数据。报表只能用于查看数据，不能用于修改和输入数据。

6.1.1　报表的组成

与窗体类似，报表也由节组成，报表的节主要包括报表页眉、页面页眉、主体、页面页脚和报表页脚，如图 6-1 所示。与窗体不同，报表还可以有组页眉/组页脚节。

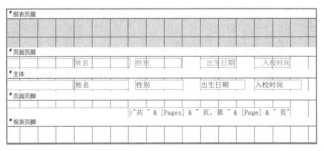

图 6-1　报表组成

1．报表页眉

报表页眉只出现在报表的第一页，用来显示报表的标题、具有说明性的文字、图形、制作时间或制作单位等。

2．报表页脚

报表页脚只出现在报表的最后一页，用来显示整个报表的计算汇总或其他统计数字信息。

3．页面页眉

页面页眉出现在报表每一页的顶部，用来显示报表每列的列标题、页码、日期等信息。

4．页面页脚

页面页脚出现在报表每一页的底部，通常用来显示页码、控制项的合计内容等项目，它的数据显示在文本框和其他一些类型的控件中。

5．主体

主体是报表的主要组成部分，放置组成报表主体的控件，用于打印表或查询中的数据。数据源中的每条记录都放置在该节中。

6．组页眉

组页眉只有在对报表数据进行分组时才会出现，用来显示分组项目的名称和值。

7．组页脚

组页脚只有在对报表数据进行分组时才会出现，用来显示组的汇总信息，通常出现在组的末尾。

6.1.2 报表的类型

报表主要分为4种类型：纵栏式报表、表格式报表、图表报表和标签报表。

1．纵栏式报表

纵栏式报表，也称窗体报表，一般在一页的主体节中显示一条或多条记录，并且以垂直的方式进行显示。

2．表格式报表

表格式报表类似于数据表格式，以行列形式显示记录数据，通常一行显示一条记录、一页显示多条记录。表格式报表中的字段名称不在每页的主体节中显示，而在页眉、页脚节显示。

3．图表报表

图表报表是指报表中的数据以图表格式显示，类似于 Excel 中的图表。这种报表可以更直观地展现数据之间的关系。

4．标签报表

标签报表是一种特殊类型的报表，可以用于输出和打印不同规格的标签，如物品标签等。

6.1.3 报表的视图

报表有4种视图，分别是报表视图、设计视图、打印预览视图和布局视图。

（1）报表视图用于浏览创建完成的报表效果，在报表视图中不能调整报表的布局、修改报表结构、设置报表属性等。

（2）设计视图用于创建或编辑报表的结构。

（3）打印预览视图用于预览报表打印和输出的页面格式。

（4）布局视图同时具有报表视图和设计视图两种视图的功能，既可以用于查看报表的版式设置、浏览报表效果，也可以用于调整报表的布局、删除不需要的控件、设置控件的属性等。

6.2 创建报表

创建报表的方法与创建窗体的方法十分相似，都是使用控件来组织和显示数据。Access 2016 提供了5种创建报表的方法，包括使用"报表"工具、使用"报表向导"、使用"空报表"、使用设计视图创建报表，以及创建标签报表。

6.2.1 使用"报表"工具创建报表

若创建的报表来自单一表或查询，而且不需要进行分组统计等，可以使用"报表"工具创建报表，这种方法使用起来方便快捷。

【例 6.1】 在"选课管理系统"数据库中,以"学生"表为数据源,使用"报表"工具创建报表。

① 打开"选课管理系统"数据库,在导航窗格中选中"学生"表。

② 执行"创建→报表→报表"命令,Access 自动创建包含"学生"表中所有数据项的报表,并以布局视图打开,如图 6-2 所示。

图 6-2　Access 自动创建包含"学生"表中所有数据项的报表

③ 单击"保存"按钮,在"另存为"对话框的"报表名称"文本框中输入报表名称,单击"确定"按钮,保存报表。

6.2.2　使用"报表向导"创建报表

使用"报表向导"创建报表时,用户可以从多个数据源中选择字段,设置数据的分组和排序方式等。

【例 6.2】 使用"报表向导",创建"选课管理系统"数据库中所有教师所授课程信息的报表,包括教师的"姓名""性别""学院名称""职称",所授课程的"课程名称""课程属性"以及"学分"。

具体操作步骤如下。

① 打开"选课管理系统"数据库,执行"创建→报表→报表向导"命令。

② 选择数据源。在"报表向导"第一个对话框中选择报表包含的字段,可从多个表或查询中进行选择,如图 6-3 所示。本例涉及的字段分别来自"教师""课程""学院"3 个表。

图 6-3　"报表向导"第一个对话框

③ 确定数据查看方式。单击"下一步",打开"报表向导"第二个对话框。当选定字段来自多个数据源时才需要进行这个步骤。如果数据源之间是一对多关系,一般选择从"一"方的表来查看数据;如果被选择的两个表是多对多关系,可以选择从任一"多"方的表查看数据。本例选择从"教师"表查看数据,如图6-4所示。

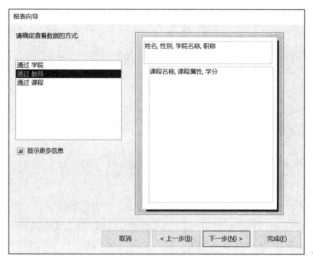

图6-4 选择从"教师"表查看数据

④ 确定是否添加分组级别。单击"下一步",打开"报表向导"第三个对话框,确定是否添加分组级别。是否需要建立分组是由用户根据数据源中的记录结构及报表的具体要求决定的。如果数据来自单一数据源,则根据需要选择字段建立分组。本例输出数据来自多个数据源,实际上,在选择查看数据的方式的同时就确立了一种分组形式,不需要再做选择。

⑤ 确定数据的排序和汇总信息。单击"下一步",打开"报表向导"第四个对话框。最多可以选择4个字段对记录进行排序。本例选择按"学分"进行"降序"排序,如图6-5所示。

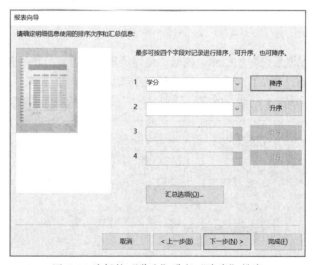

图6-5 选择按"学分"进行"降序"排序

⑥ 确定报表的布局方式。单击"下一步",打开"报表向导"第五个对话框。选择"递阶"的布局方式和"纵向"的打印方向,在左侧的预览框中可以看到布局效果,如图6-6所示。

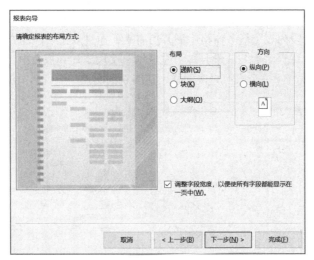

图 6-6　布局效果

⑦　为报表指定标题以及选择报表创建完成后的视图。单击"下一步",打开"报表向导"第六个对话框。报表的标题既指定了报表页眉中标签控件的标题属性,也指定了报表对象的名称。本例报表标题为"教师授课信息",选择"预览报表",单击"完成"按钮。本例报表的打印预览效果如图 6-7 所示。

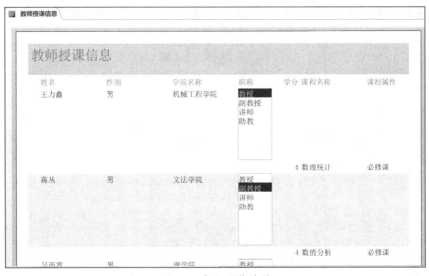

图 6-7　打印预览效果

6.2.3　使用"空报表"创建报表

使用"空报表"创建报表时,Access 会自动打开"字段列表"任务窗格,用户可以将"字段列表"任务窗格中的字段拖向设计界面或双击字段,以创建绑定型的控件。

【例 6.3】　使用"空报表"创建一个报表,用以打印、输出"选课管理系统"中学生的选课成绩信息,报表字段包括"学号""姓名""课程号""课程名称""学分""总成绩",按"学号"升序排序。

具体操作步骤如下。

① 打开"选课管理系统"数据库，执行"创建→报表→空报表"命令。

② 在弹出的"字段列表"任务窗格中展开所有表，通过双击字段的方式，分别将"学号""姓名""课程号""课程名称""学分""总成绩"字段添加到报表中。在添加字段时，最好使新添加字段所在的表与上一个表有直接关联，如图 6-8 所示。

图 6-8　向空报表中添加字段

③ 在"学号"字段的任一位置单击右键，从弹出的快捷菜单中选择"升序"。

④ 保存报表，报表名称为"学生选课总成绩清单"，结果如图 6-9 所示。

学号	姓名	课程号	课程名称	学分	总成绩
20010312	余馨懿	1000000141	Python程序设计	3	90
20010313	车伊仪	1000000141	Python程序设计	3	67
20010314	刘瑞斌	1000000141	Python程序设计	3	71
20020114	杨乐和	1000000141	Python程序设计	3	91
20030115	顾凡舫	1000000141	Python程序设计	3	66
20070120	杨腊梅	1000000041	创造学	1	94
20080121	倪虹	1000000042	英国文化入门	1	89
20090122	陈霞	1000000043	国际金融风云与智慧投资	1	76
20100103	陈盛水	1000000141	Python程序设计	3	72
20100123	龚斐宏	1000000141	Python程序设计	3	43
20100123	龚斐宏	1000000044	恋爱、婚姻与法律	1	83
20110125	王颜	1000000045	材料文明与未来科技	1	98
20120105	古乐	1000000046	品牌视觉形象设计	1	91
21010101	闫丽华	1000000134	信息与智能科学导论	2	80
21010101	闫丽华	1000000001	数理统计	4	82

图 6-9　使用"空报表"创建报表结果

6.2.4　使用设计视图创建报表

使用设计视图可以创建版面丰富、结构复杂的报表，还可以修改使用向导创建的报表。使用设计视图创建报表，需要指定报表的数据源，在报表中添加控件，并指定控件的来源，以及设置报表和控件的相关属性。

【例 6.4】在"选课管理系统"中，使用设计视图创建"教师情况表"报表。具体操作步骤如下。

（1）打开"选课管理系统"数据库，执行"创建→报表→报表设计"命令，打开空白报表设计视图窗口，其中包含页面页眉、主体和页面页脚 3 节，如图 6-10 所示。

使用设计视图
创建报表

图 6-10　空白报表设计视图窗口

▶提示

　　如果需要添加其他节，只需在任意节右键单击，从快捷菜单中选择需要添加的节即可。

（2）添加控件。

① 执行"报表设计工具→设计→工具→添加现有字段"命令，打开"字段列表"任务窗格。展开所有表，通过双击字段或者拖曳的方式将需要的字段添加到主体节中。本例添加"教师"表中的"姓名""性别""参加工作时间""职称""学历"，以及"学院"表中的"学院名称"字段。由于"职称"字段对应的控件为"列表框"，在显示时会将列表值全部展示出来。在本例中，先在主体节删除"职称"字段对应控件，然后从"报表设计工具→设计→控件"中选择"文本框"控件，在主体节的适当位置拖动鼠标指针添加控件。单击前面的标签控件，修改其"属性表"的"格式"选项卡的"标题"属性为"职称"，如图6-11所示。单击"未绑定"的文本框控件，修改其"属性表"的"数据"选项卡的"控件来源"属性，从右侧下拉列表中选择"职称"字段，如图6-12所示。

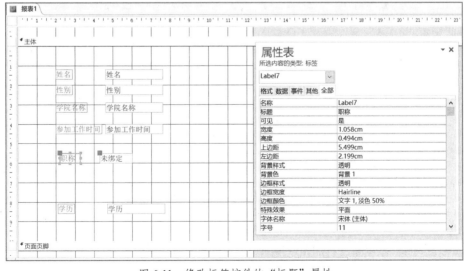

图 6-11　修改标签控件的"标题"属性

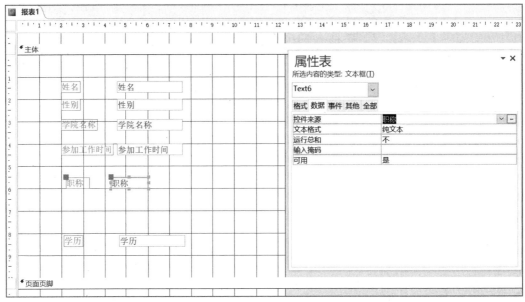

图 6-12　修改文本框控件的"控件来源"属性

② 在页面页眉节添加一个标签控件，修改其"标题"属性为"教师情况表"。

（3）设置控件布局及控件属性。

① 选中主体节中的全部控件，执行"报表设计工具→排列→表→表格"命令，创建表格式控件布局。标签控件将自动放置到页面页眉节，并与文本框控件上下对齐。

② 单击"选择布局"按钮，调整控件布局的位置；执行"报表设计工具→设计→工具→属性表"命令，在"格式"选项卡中，修改所有控件的"边框样式"属性为"透明"；调整控件的大小、位置、对齐方式以及字体、字号等格式。

③ 调整报表页面页眉节、主体节的高度，以合适的尺寸容纳其中包含的控件，如图 6-13 所示。

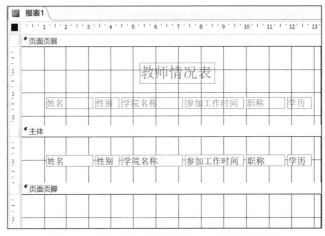

图 6-13　调整报表页面页眉节、主体节的高度

（4）预览报表。切换至"打印预览视图"，预览报表，结果如图 6-14 所示。

（5）保存报表，报表名称为"教师情况表"。

图 6-14 预览报表的结果

6.2.5 创建标签报表

标签报表通过标签向导获取数据库中表或查询中字段的值，制作成规格统一的标签（类似 Word 中的"邮件合并"功能），通常应用于名片的制作、信封封面内容的打印等。

【例 6.5】 在"选课管理系统"中，创建"学生信息卡"标签报表。

具体操作步骤如下。

① 打开"选课管理系统"数据库，在导航窗格中选中"学生"表，将该表作为数据源。

② 执行"创建→报表→标签"命令，打开"标签向导"第一个对话框，选择标签型号。本例选择"Avery"厂商的型号为"C2166"的标签，如图 6-15 所示。

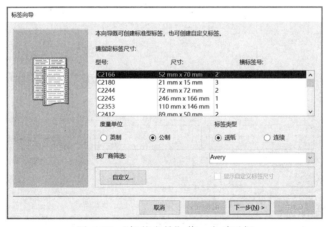

图 6-15 "标签向导"第一个对话框

③ 单击"下一步"按钮，进入"标签向导"第二个对话框。选择标签文本的字体、字号、字体粗细和文本颜色，本例设置情况如图 6-16 所示。

④ 单击"下一步"按钮，进入"标签向导"第三个对话框，确定标签的显示内容。标签中需要显示的字段内容从"可用字段"列表框中选取，每添加完一个字段后按"Enter"键继续添加下一个字段（在"原型标签"列表框中自动加上花括号），可以自行插入其他文字和符号。本例设置情况如图 6-17 所示。

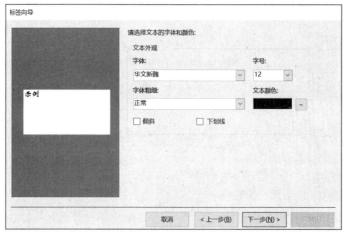

图 6-16 "标签向导"第二个对话框

图 6-17 "标签向导"第三个对话框

⑤ 单击"下一步"按钮，进入"标签向导"第四个对话框，选择排序依据。本例选择"学号"字段，如图 6-18 所示。

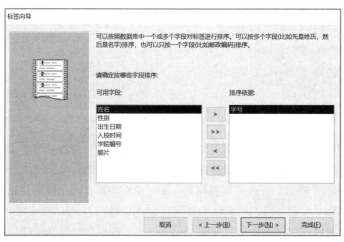

图 6-18 "标签向导"第四个对话框

⑥ 单击"下一步"按钮，进入"标签向导"第五个对话框，指定标签名称，本例为"学生信息卡"。单击"完成"按钮，生成的标签报表的打印预览视图如图 6-19 所示。

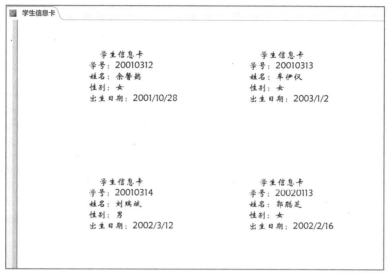

图 6-19　标签报表的打印预览视图

6.3　报表中的计算

报表除了显示和打印数据表信息，还经常需要提供通过各种计算、统计汇总等得到的数据来帮助用户做决策。在实际应用中，通过在报表中使用计算型控件，对报表中的数据进行排序、分组、汇总等操作来对数据进行分析。

6.3.1　使用计算型控件

报表中常用的计算型控件为文本框，或者其他有"控件来源"属性的控件。

【例 6.6】 在例 6.4 创建的"教师情况表"报表中添加教师的工龄信息。

具体操作步骤如下。

① 在设计视图中打开"教师情况表"报表。

② 在主体节的"参加工作时间"字段右侧添加一个未绑定型的文本框，将附加标签剪切下来，粘贴到页面页眉节中，并将标签的"标题"属性改为"工龄"。

③ 在主体节将添加的文本框的"控件来源"属性设置为"=Year(Date())-Year([参加工作时间])"。

▶提示

以上属性可以在文本框中直接设置，也可以在"表达式生成器"中进行设置。

④ 将新添加的标签和文本框的"边框样式"属性设置为"透明"，字体以及文字对齐方式也设置得与其他控件的一致。

⑤ 在打印预览视图与设计视图中来回切换，调整控件的大小、位置等。

⑥ 将报表另存为"教师情况表 2"。该报表的打印预览视图如图 6-20 所示。

图 6-20 "教师情况表 2"的打印预览视图

6.3.2 报表中的分组、排序和汇总

在创建报表的过程中，除了对整个报表的记录进行排序、汇总外，有时候也需要以数据源的某个或某几个字段进行分组，并进行统计汇总。

【例 6.7】 在"选课管理系统"数据库中创建报表，显示并打印被选修的每门课程的学生成绩，以及该课程的选课人数和总成绩的平均分。

具体操作步骤如下。

① 打开"选课管理系统"数据库，执行"创建→报表→报表设计"命令。将"课程"表中的"课程号""课程名称"，"学生"表中的"学号""姓名"，以及"选课成绩"表中的"总成绩"字段添加到主体节。

② 选中主体节中的全部控件，执行"报表设计工具→排列→表→表格"命令，创建表格式控件布局。在页面页眉节添加一个标签控件，设置其"标题"属性为"选课情况"。调整控件布局的位置；修改所有控件的"边框样式"属性为"透明"；设置所有控件的字体、字号、文本对齐等格式。

③ 执行"报表设计工具→设计→分组和汇总→分组和排序"命令，打开"分组、排序和汇总"窗口，如图 6-21 所示。

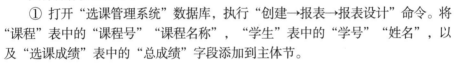

图 6-21 "分组、排序和汇总"窗口

④ 单击"分组、排序和汇总"窗口的"添加组"按钮，从弹出的字段列表中选择"课程号"，使用"课程号"字段进行分组。

分组后，报表的设计视图中会增加对应的组页眉节和组页脚节。一般在组页眉节显示用于分组的字段的值；在组页脚节中添加计算型控件，用以对同组记录的数据进行汇总。一个报表最多可以对 10 个字段或表达式进行分组。

⑤ 单击"分组、排序和汇总"中 分组形式 课程号 ▾ 升序 ▾ ，更多▶ 上的"更多"按钮，在展开的分组面板上设置按"学号"的"记录计数"以及按"总成绩"的"平均值"汇总，并设置按"课程号""升序"排序。设置完成后，在课程号页脚节会添加显示选课人数和总成绩平均分的两个计算型文本框控件，如图 6-22 所示。

▶提示

"平均值"汇总方式可能会使汇总结果包含多位小数，可设置存放结果的文本框控件的小数位数的格式属性。

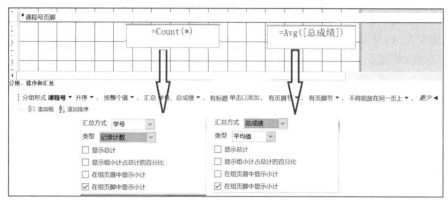

图 6-22 两个计算型文本框控件

⑥ 在课程号页脚节添加两个标签并将它们作为两个计算型控件的说明。把主体节中显示"课程号""课程名称"的控件拖到垂直方向的课程号页眉节中。

⑦ 调整控件位置、大小、属性，并将报表以"选课情况汇总"的名称进行保存。切换到"打印预览视图"，查看分组后的打印预览效果，如图 6-23 所示。

图 6-23 选课情况汇总打印预览效果

实验

一、实验目的

（1）掌握创建报表的方法。

（2）掌握报表中的计算方法。

二、实验内容

在"学号姓名-高校学生信息库.accdb"数据库文件中创建并预览报表。

（1）选中"学生信息"表，使用"报表"工具创建报表，并在报表设计视图中调整报表的宽度等格式，保存为R6-1。

（2）使用"报表向导"，创建包含"学号""姓名""性别""出生日期""籍贯""民族""所属学院"字段，以及"课程号""课程名称""获得学分"字段的报表，要求通过学生信息查看数据，并选择"递阶"的布局方式、"纵向"的打印方向，将报表保存为R6-2。

（3）使用"空报表"创建报表，包括"学号""姓名""性别""所属学院"字段，以及所参加的社团竞赛的"社团名称""成绩考评""综合绩点分数"字段，将报表保存为R6-3。

（4）创建标签报表。

① 选择"志愿服务"表，执行"创建→报表→标签"命令，选中"C2244"型号。

② 自行选择文本的字体、颜色等设置文本外观。

③ 创建原型标签，如图6-24所示。

图6-24　创建原型标签

④ 按照"志愿服务编号"排序，将报表保存为R6-4。在设计视图下调整格式，使报表的打印预览效果如图6-25所示。

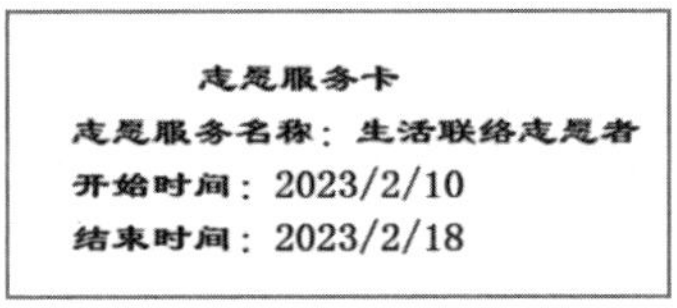

志愿服务卡

志愿服务名称：生活联络志愿者

开始时间：2023/2/10

结束时间：2023/2/18

图6-25　打印预览效果

（5）创建表格式报表，使用计算型控件进行计算。

① 执行"创建→报表→报表设计"命令，在设计视图的主体节添加"学生信息"表中的"学号""姓名""所属学院""总学分绩""专业排名"字段，再添加一个未绑定型的文本框，设置对应标签的"标题"属性为"年龄"。

② 在页面页眉节添加一个标签控件，修改其"标题"属性为"学生学业情况表"。

③ 将主体节中的控件设置成表格式控件布局，修改所有控件的"边框样式"属性为"透明"；调整控件的大小、位置、对齐方式以及字体、字号等格式。

④ 将未绑定型文本框的"控件来源"属性设置为"=Year(Date())-Year([出生日期])"。

⑤ 打印预览效果如图 6-26 所示，并将报表保存为 R6-5。

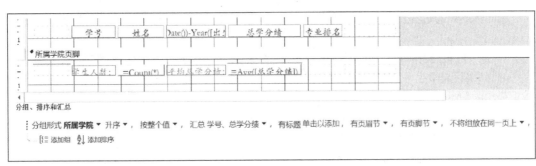

学生学业情况表

学号	姓名	所属学院	年龄	总学分绩	专业排名
22011001	唐舒	外语	20	79.43	16
22011002	鲜于舒芳	外语	21	62.47	312
22011003	习伦	外语	20	64.76	245
22011004	习毅德	外语	20	1.5	451
22011005	昌彪胜	外语	21	62.28	316
22011006	单于葳丽	外语	21	70.1	114

图 6-26　打印预览效果

（6）在报表中分组显示每个学院的学生人数以及平均总学分绩。

① 复制报表 R6-5，粘贴为 R6-6。

② 打开 R6-6 报表的设计视图，执行"报表设计工具→设计→分组和汇总→分组和排序"命令，通过打开的"分组、排序和汇总"窗口中的"添加组"按钮添加"所属学院"分组，选择升序排序。

③ 对"学号"字段设置汇总，并选择在组页脚中显示小计。对"总学分绩"字段设置汇总，并选择在组页脚中显示小计。

④ 在所属学院页脚节的适当位置添加两个标签控件，"标题"属性分别为"学生人数："
"平均总学分绩："，调整标签与小计的位置，如图 6-27 所示。

图 6-27　所属学院页脚节设置

⑤ 将主体节"所属学院"拖曳到"所属学院页眉节"的适当位置。

⑥ 打印预览效果如图 6-28 所示。

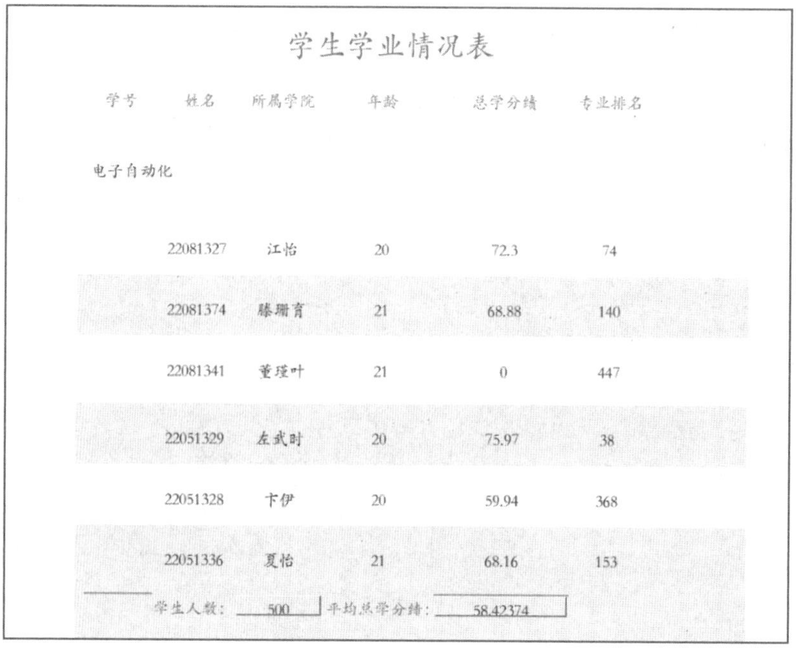

学生学业情况表

学号	姓名	所属学院	年龄	总学分绩	专业排名
电子自动化					
22081327	江怡		20	72.3	74
22081374	滕珊育		21	68.88	140
22081341	董瑾叶		21	0	447
22051329	左武时		20	75.97	38
22051328	卞伊		20	59.94	368
22051336	夏怡		21	68.16	153

学生人数：500　平均总学分绩：58.42374

图 6-28　打印预览效果

⑦ 保存报表。

习题

单项选择题

1. 以下关于报表定义的叙述中，正确的是（　　）。

A. 主要用于对数据库中的数据进行分组、计算、汇总和打印

B. 主要用于对数据库中的数据进行输入、分组、汇总和打印

C. 主要用于对数据库中的数据进行输入、计算、汇总和打印

D. 主要用于对数据库中的数据进行输入、计算、分组和打印

2. 一份报表中涉及的内容只会出现一次的区域是（　　）。

A. 报表页眉　　B. 页面页眉　　C. 主体　　D. 页面页脚

3. Access 通过提示用户输入数据源、字段和报表版面格式等信息，来建立报表的工具是（　　）。

A. 自动报表向导　　B. 报表向导　　C. 图表向导　　D. 标签向导

4. 如果设置报表上某个文本框的“控件来源”属性为“=11*3+8”，则打开报表视图，该文本框显示的信息是（　　）。

A. 41　　B. 11*3+8　　C. =11*3+8　　D. =41

5. 如果将一个标签放入报表的页面页眉部分，则正确的说法是（　　）。

A. 报表视图下，每一页都会显示该标签

B. 布局视图下，该标签不能删除

C. 该标签放置到具体位置后，任何视图下不能移动到报表其他部分

D. 打印预览视图下，每一页都会显示该标签

6. 要想在报表的页脚中显示"第"、页码和"页"，则在设计时应输入（　　）。

 A. ="第"&Page&"页"   B. ="第"&[Page]& "页"

 C. ="第"+Page+"页"   D. ="第"+[Page]+ "页"

7. 要完成报表按某个字段分组统计输出，则需要设置（　　）。

 A. 报表页脚   B. 主体   C. 页面页脚   D. 该字段的组页脚

8. 在报表的组页脚区域中要实现求和统计，可在文本框控件中使用函数（　　）。

 A. SUM   B. COUNT   C. AVG   D. MAX

9. 在 Access 中，专用于打印的对象是（　　）。

 A. 查询   B. 表   C. 宏   D. 报表

10. 要一次性更改报表中所有文本类型数据的字体、字号及字体粗细等外观属性，应该使用（　　）。

 A. 自动套用   B. 自定义   C. 主题   D. 图表

第7章 宏

宏（Macro）是 Access 数据库的一种对象，其最大的特点是能够自动执行各种重复性的工作。本章主要介绍宏的创建、运行与调试。

7.1 宏概述

7.1.1 宏的功能

宏是由一个或多个操作组成的集合。由多个操作组成的宏中，多个操作按指定顺序排列；每个操作对应一个宏命令，每个宏命令能完成特定的操作；还可以在宏中加入条件表达式，以便控制宏在满足一定条件时完成对应操作。

宏的功能很强大，具体表现如下。

（1）打开或关闭数据表、查询、窗体、报表等数据库对象。

（2）显示或隐藏工具栏，设置窗口大小，移动和缩放窗口。

（3）向报表发送数据，预览或打印报表。

（4）设置窗体或报表中控件的值。

（5）运行查询、筛选数据等。

7.1.2 宏的类型

在 Access 2016 中主要有操作序列宏、带条件的宏、宏组、子宏这 4 类宏。

（1）操作序列宏

操作序列宏中包含许多操作，且多种操作按顺序排列，运行时按照先后顺序依次执行每个操作。

（2）带条件的宏

宏的类型

带条件的宏是在操作序列宏的某些操作中添加条件后形成的宏。宏中的操作可能有条件限制，也可能没有条件限制。当条件满足时执行带条件的操作，条件不满足时则不执行。

（3）宏组

宏组中包含若干个宏，可以用于管理和维护宏。宏组有自己的名字，宏组中包含的每一个宏也都有自己的名字。

（4）子宏

子宏的结构与宏组的类似，但是在运行一个宏时，只有第一个子宏被执行。若要调用其他子宏，则要按照"宏组.子宏名"的格式引用。

7.2 创建宏

宏的操作包括添加宏、修改宏、设置参数、指定宏名等，这些操作都可以在宏的"设计视图"下完成。

7.2.1 创建操作序列宏

操作序列宏中的操作会按先后顺序依次执行。可以在宏设计视图下的宏设计区逐个添加宏命令来创建操作序列宏。

创建操作
序列宏

【例7.1】创建一个操作序列宏，要求该宏能依次执行以下操作：打开"学生"表，不允许用户修改数据，使计算机发出提示音，然后打开一个消息框，消息框标题栏中给出的提示文本是"通知"，且消息框中只有一个"确定"按钮和一个"信息"图标，消息框中的内容为"请浏览学生数据"。

具体操作步骤如下。

（1）打开"选课管理系统"库，执行"创建→宏与代码→宏"命令，打开宏的设计视图，如图7-1所示。

图 7-1　宏的设计视图

（2）在宏设计视图的宏设计区中单击"添加新操作"右侧的下拉按钮，在下拉列表中会出现宏命令，选择"OpenTable"选项，弹出设置宏命令及其参数的对话框，如图7-2所示。

图 7-2　设置宏命令及其参数的对话框

（3）在"表名称"下拉列表中选择"学生"表，在"视图"下拉列表中选择"数据表"，在"数据模式"下拉列表中选择"只读"。

（4）单击宏设计区中"添加新操作"右侧的下拉按钮，在下拉列表中选择"Beep"选项。

（5）添加"MessageBox"操作，并进行相应参数的设置，设置成功窗口如图 7-3 所示。

图 7-3 设置成功窗口

（6）右键单击"宏"标签，在弹出的快捷菜单中选择"保存"命令，在文本框中输入宏的名字，如"my_hong1"。此时在窗口左侧的导航窗格中会出现相应的宏。

（7）选中宏，单击"运行"按钮，运行这个宏，结果如图 7-4 所示。

图 7-4 宏运行结果

Access 2016 常见的宏操作命令及其作用如表 7-1 所示。

表 7-1 常见的宏操作命令及其作用

命令	作用
ApplyFilter	选择满足条件的记录
Beep	使计算机发出提示音
CloseWindow	关闭指定的窗口
CloseDatabase	关闭当前数据库
Echo	指定是否打开回响
FindRecord	查找满足指定条件的第一条记录
FindNext	查找满足指定条件的下一条记录
MaximizeWindow	活动窗口最大化
MinimizeWindow	活动窗口最小化
MessageBox	打开消息框

命令	作用
MoveAndSizeWindow	移动活动窗口或调整其大小
OnError	在运行宏的过程中对发生的错误执行特定操作
OpenTable	打开指定的数据表
OpenQuery	打开指定的查询
OpenForm	打开指定的窗体
OpenReport	打开指定的报表
QuiteAccess	退出 Access 时选择其他保存方式
RunMacro	运行指定的宏
StopMacro	停止当前正在运行的宏

7.2.2　创建带条件的宏

带条件的宏根据操作条件表达式的值来决定是否执行操作。宏中的操作可能有条件限制，也可能没有条件限制。宏中包含的没有条件限制的操作一定会执行，而有条件限制的操作在条件满足时会执行。

【例 7.2】　创建一个带条件的宏，该宏用于判断某窗体文本框中输入的数据是正数还是负数。

带条件的宏

具体操作步骤如下。

（1）创建一个模式对话框窗体。其中"判断"按钮名称为"Command1"，将窗体命名为"带条件的宏"，如图 7-5 所示。

（2）执行"创建→宏与代码→宏"命令，选择设计视图中"操作目录→程序流程→If"选项，在"If"文本框中输入相应的条件"Not IsNumeric([Forms]![带条件的宏]![Text3])"，该条件用于判定窗体文本框中输入的内容是否为数字。

图 7-5　"带条件的宏"窗体

（3）单击"If"下面的"添加新操作"右侧的下拉按钮，在下拉列表中选择"MessageBox"，完成相应的操作，继续添加新操作"StopMacro"，停止正在运行的宏，设置结果如图 7-6 所示。

（4）单击"添加新操作"右侧的下拉按钮，在下拉列表中选择"Else If"选项，重复步骤（2）、（3）完成相应参数设置，如图 7-7 所示。

图 7-6　"If"设置结果

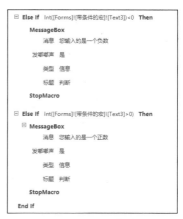

图 7-7　设置参数

（5）右键单击宏标签，在弹出的快捷菜单中选择"保存"命令，在文本框中输入宏的名字"judge_hong"。

（6）打开"带条件的宏"窗体，在窗体的设计视图中，设置按钮"Command1"的单击事件为调用"judge_hong"，如图7-8所示。

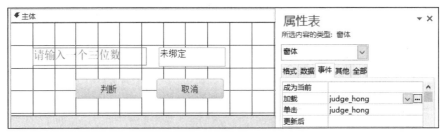

图7-8　设置窗体控件属性

（7）运行"带条件的宏"窗体，在文本框中输入不同的值，运行结果如图7-9所示。

（a）输入非数字

（b）输入一个正数

（c）输入一个负数

图7-9　带条件的宏的运行结果

7.2.3　创建宏组

宏组实际上是一个容器，其中包含多个功能相关的宏操作，用来组织和管理宏。一个宏组中最多可嵌套9级。

创建宏组

【例7.3】　创建一个宏组"hong_group"，该宏组中包含 3 个宏，分别是"my_group_1""my_group_2""my_group_3"。"my_group_1"宏用于打开"教师"表，且以只读方式浏览数据表信息。"my_group_2"宏用于打开"学生 查询"，且以最大化的方式显示数据表信息。"my_group_3"打开"带条件的宏"窗体。

具体操作步骤如下。

（1）执行"创建→宏与代码→宏"命令，选择设计视图中"操作目录→程序流程→Group"选项，宏的设计视图会出现相应变化，在"Group""End Group"之间可以建立宏组，如图7-10所示。

（2）在"Group"文本框中输入宏的名字"my_group_1"，设置相关宏操作，如图7-11（a）

图7-10　建立宏组

所示。按照以上方法依次完成宏"my_group_2""my_group_3"的创建，分别设置相关宏操作，如图 7-11（b）、图 7-11（c）所示。

（a）设置宏"my_group_1"　　　（b）设置宏"my_group_2"　　　（c）设置宏"my_group_3"

图 7-11　创建宏组

（3）右键单击"宏"标签，在弹出的快捷菜单中选择"保存"命令，在文本框中输入宏组的名字"hong_group"。

创建宏组后，可以通过"宏组名.宏名"来调用宏组中相应的宏，如"hong_group.my_group_1"。

7.2.4　创建子宏

与宏组类似，子宏也可以将多个宏操作存放在一个宏下，不同的是运行子宏时不是所有宏操作依次被执行，而是只有第一个子宏被执行。如果要执行其他子宏的操作，要用"宏名.子宏名"格式对其他子宏进行引用。

创建子宏的方法是：在宏的设计视图中选择"操作目录→程序流程→Submacro"选项，如图 7-12 所示。参照设置宏组的方法，在"子宏"与"End Submacro"之间的文本框中进行相应参数设置即可。

图 7-12　创建子宏

7.3　宏的运行与调试

创建宏后，需要对宏进行运行和调试，以便验证其是否正确和安全。

7.3.1　运行宏

在 Access 2016 中，有多种方法可以运行宏，包括直接运行宏、通过触发事件运行宏、通过编写程序运行宏等。

1．直接运行宏

直接运行宏的方法有以下几种。

（1）在宏的设计视图中，单击功能区中的"运行"按钮，运行当前宏。

（2）打开数据库，在导航窗格中双击相应宏名，或者用右键单击相应宏名，在弹出的快捷菜单中选择"运行"命令。

（3）打开宏的设计视图，执行窗口右侧"操作"下的"宏命令"，双击"RunMacro"或"OnError"，打开相应窗口，如图 7-13 所示，进行相应的设置来运行指定的宏。

2．通过触发事件运行宏

在窗体等对象的某个事件中设置了调用宏，当触发该事件时会运行宏。

图 7-13 利用 "RunMacro" 运行宏

3．通过编写程序运行宏

在使用 VBA 编写程序时，使用 "Docmd.RunMacro 宏名" 来运行指定的宏。

7.3.2 调试宏

Access 2016 提供了宏的调试工具，该工具可以帮助用户找到宏设计中的错误，以便用户修改宏设计。

【例 7.4】 利用 "单步执行" 调试宏 "my_hong1"。

具体操作步骤如下。

（1）打开宏 "my_hong1" 的设计视图。

（2）单击工具栏中的 "单步" 按钮，然后单击 "运行" 按钮，打开 "单步执行宏" 对话框，如图 7-14 所示。

（3）单击 "单步执行" 按钮，逐步执行当前宏中的所有操作。如果某个操作出现错误，系统会给出消息框。单击 "停止所有宏" 按钮，则停止宏的执行；单击 "继续" 按钮，则退出单步执行，执行宏中其余的所有操作。

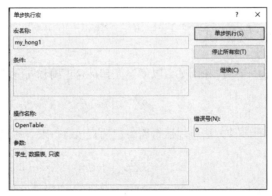

图 7-14 "单步执行宏" 对话框

实验

一、实验目的

（1）掌握操作序列宏、带条件的宏、宏组的创建方法。

（2）掌握运行和调试宏的方法。

二、实验内容

在"学号姓名-高校学生信息库.accdb"的数据库文件中完成以下相应操作。

（1）创建一个宏"My_hong1"。该宏的功能是在数据表视图下浏览"学生信息"表，且不允许追加记录，不允许编辑记录。

（2）创建一个宏"My_hong2"。该宏的功能是首先以只读方式在数据表视图中打开"选课成绩"表，并以最大化的方式显示数据表信息；然后显示一个消息框，消息框的内容为"选课成绩表已打开！"，消息框标题栏中给出的提示文本为"通知"，消息框中只有一个"信息"图标和一个"确定"按钮。

（3）创建一个带条件的宏"My_judge"，该宏用于判断某窗体文本框中输入的数是奇数还是偶数。

（4）创建一个宏组"My_Group"，其中包含宏"My_hong1""My_hong2"。

习题

单项选择题

1. 以下关于宏的叙述中，正确的是（　　）。
   A. 宏是操作的集合　　　　　　　　　B. 宏是控件的集合
   C. 宏是事件的集合　　　　　　　　　D. 宏是对象的集合

2. 以下关于宏的叙述中，错误的是（　　）。
   A. 宏由若干个操作组成　　　　　　　B. 宏组由若干个宏组成
   C. 保存宏组时可以指定名字　　　　　D. 宏组中的每个宏之间有一定的联系

3. 在宏的参数中，要引用"学生"窗体中"Text1"文本框的值，应使用的表达式是（　　）。
   A. Text1　　　　　　　　　　　　　B. [Forms]![学生]![Text1]
   C. [学生].[Text1]　　　　　　　　　 D. [Forms].[学生].[Text1]

4. 以下关于宏的运行方法的叙述中，错误的是（　　）。
   A. 单击导航窗格中的宏
   B. 双击导航窗格中的宏
   C. 单击"宏工具"选项组中的"运行"按钮
   D. 使用 RunMacro 命令调用宏

5. 调用某个子宏时，正确的引用格式为（　　）。
   A. 宏名@子宏名　　B. 宏名.子宏名　　　C. 宏名!子宏名　　　D. 宏名>子宏名

6. 宏操作命令 OpenTable 的功能是（　　）。
   A. 打开窗体　　　　B. 打开查询　　　　C. 打开数据表　　　D. 打开报表

7. （　　）是运行宏的操作。
   A. RunCode　　　　B. Requery　　　　C. RunMacro　　　　D. RunMenuCommand

8. 若希望按照某种条件来执行一个或多个操作，这类宏是（　　）。
   A. 操作序列宏　　　B. 宏组　　　　　　C. 自动运行的宏　　D. 带条件的宏

9. Access 2016 提供（　　）工具来调试宏。
   A. 停止运行　　　　B. 跳跃执行　　　　C. 单步执行　　　　D. 继续执行

<table>
<tr><td rowspan="2">第 **8** 章</td><td rowspan="2"># VBA 程序设计基础</td></tr>
</table>

Visual Basic for Applications（简称为 VBA）是基于 Visual Basic for Windows 发展而来的新一代宏语言。VBA 在语言结构上传承于 VB（Visual Basic），是 VB 的子集，因此 VBA 和 VB 的开发界面以及语法要求大部分相同。

VBA 和 VB 的区别：VB 拥有完全独立的工作环境和编译、链接系统，不需要依附于任何其他应用，能够生成独立的可执行文件（.exe 文件）；而 VBA 没有独立的工作环境，必须依附于某个主应用（如 Access 2016），在主应用提供的 VBE 编程环境中编写代码和运行代码。

VBA 常用于 Microsoft Office 的各类应用（如 Word、Excel、Access 等）。

在 Access 2016 中，VBA 程序以模块形式呈现，通过在模块中编写子过程和函数过程实现 VBA 代码。

8.1 VBA 概述

Microsoft Office 是微软推出的系列办公软件，VBA 在 Office 中起到举足轻重的作用。使用 VBA 可以简化复杂工作，降低操作的重复性，提高工作效率。

通过 VBA，Microsoft Office 能够处理更多事务，扩大了产品功能的覆盖面，在实际应用中，基于 Excel、Word、Access 的 VBA 小程序数不胜数。

VBA 在 Office
产品中的应用

8.1.1 VBA 在 Office 产品中的应用

本小节通过一个简单示例说明 VBA 的实用性。

【例 8.1】 对于图 8-1 所示的外籍学生成绩统计表，要求如下。

G2		Q fx	87			
	A	B	C	D	E	F	G
1	学号	姓名	高等数学	数据库技术	汉语基础	体育	总平均成绩
2	100001	tom.Li	100	89	58	99	87
3	100002	lisa.G	95	81	80	86	85
4	100003	peter-a	75	48	100	67	72
5	100004	tomas	68	98	100	98	91
6	100005	vaga	100	87	80	66	83
7	100006	jhon.Lams	35	86	93	100	79
8	100007	george	85	93	80	100	90

图 8-1 外籍学生成绩统计

（1）将学生姓名规范化：首字母大写，其他部分保持不变。

（2）对于不及格成绩，在其后添加"*"加以标注，并且不影响总平均成绩显示（总平均成绩由 4 门课程的成绩相加并求平均值得到，如果直接在各科成绩单元格内添加"*"，则计算结果会报错）。

解析：在本例中，当数据量很大时，手动修改的方法不可取。可以通过 Excel 提供的公式结合拖曳实现，但操作比较麻烦，并且不具备重用性。利用 Excel VBA 可以很好地解决上述问题。

在 Excel 当前工作表中建立宏"姓名首字母大写_标记不及格成绩"，编写如下 VBA 代码：

```
Sub 姓名首字母大写_标记不及格成绩()
Dim name As Range
Set name = Selection
For Each Item In name
   Item.Value = UCase(Left(Item, 1)) & Right(Item, Len(Item) - 1)
Next
For Each Item In name
   If Item.Value < 60 Then
      Item.Value = Format(Item.Value, "#") & "*"
   End If
Next
End Sub
```

执行宏后的 Excel 表效果如图 8-2 所示。

此例的程序代码较为复杂，读者暂时不需要深究。

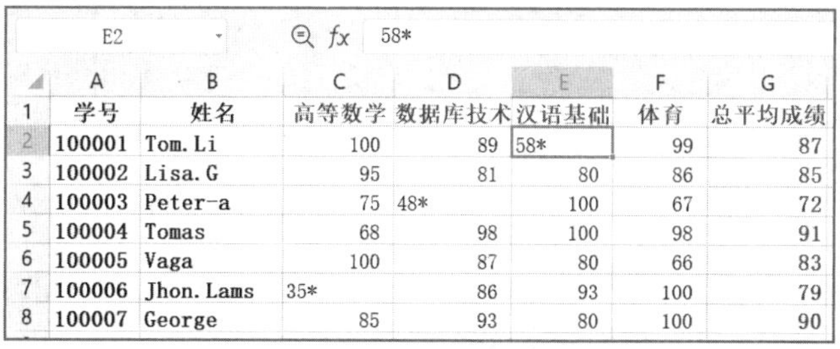

	A	B	C	D	E	F	G
					58*		
1	学号	姓名	高等数学	数据库技术	汉语基础	体育	总平均成绩
2	100001	Tom.Li	100	89	58*	99	87
3	100002	Lisa.G	95	81	80	86	85
4	100003	Peter-a	75	48*	100	67	72
5	100004	Tomas	68	98	100	98	91
6	100005	Vaga	100	87	80	66	83
7	100006	Jhon.Lams	35*	86	93	100	79
8	100007	George	85	93	80	100	90

图 8-2　执行宏后的 Excel 工作表效果

通过上例可知，VBA 应用在 Office 产品中，可以实现各种强大功能。

对于 Access 2016，使用 VBA 能够充分体现数据库的特点，结合查询、窗体、报表等对象，使人机交互更加友好、输出更具实用性，还能对数据库中存储的数据进行深度加工和展示。

8.1.2　VBE 编程环境

VBE（Visual Basic Editor）是 Microsoft Office 提供的编写和调试 VBA 代码的集成开发环境，VBE 具备编辑、调试、编译、运行等功能。

1．进入 VBE 编程环境

Access 2016 提供多种启动 VBE 的方法，如表 8-1 所示。

表 8-1　启动 VBE 的方法

操作	操作方法
按"Alt+F11"组合键	在 Access 数据库窗口中，同时按"Alt+F11"组合键，可在 Access 数据库窗口和 VBE 编程环境之间切换
单击"Visual Basic"按钮	在 Access 数据库窗口中，单击"数据库工具→宏→Visual Basic"按钮
执行"Visual Basic""模块"命令	在 Access 数据库窗口中，执行"创建→宏与代码→Visual Basic 或模块"命令
单击"模块"下的对象	在已经建立 VBA 模块的情况下，单击导航窗格"模块"下的对象，进入 VBE，同时打开该模块代码
事件绑定	创建窗体、报表时，在某个控件对象的"属性表"中进行事件绑定

【例 8.2】 建立图 8-3 所示的"教学管理系统"窗体，选项卡控件中包含"课程思政""教室管理"等 5 个标签，当选中"课程思政"标签时，单击"科技强国"按钮，在文本框中显示科技强国行动纲要内容，并弹出消息框，显示"科技强国，筑梦未来！"。

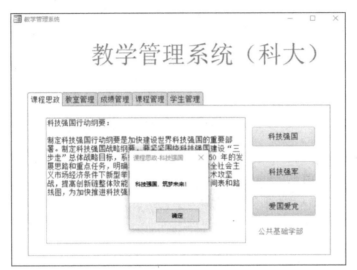

VBE 编程
环境

图 8-3 "教学管理系统"窗体

具体操作步骤如下。

（1）进入窗体设计视图，打开属性窗口，选中"科技强国"按钮，在按钮的单击事件文本框右侧单击下拉按钮，在打开的下拉列表中选择"[事件过程]"。

（2）单击 ⋯ 按钮，进入 VBE 编程环境。

（3）在 VBE 代码窗口编写代码，VBE 编程环境如图 8-4 所示。

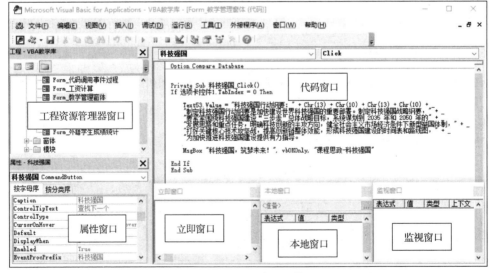

图 8-4 VBE 编程环境

（4）调试无误，回到 Access 数据库窗口，切换为窗体视图。

（5）选择"课程思政"标签，单击"科技强国"按钮，可以看到文本框的内容变化并弹出消息框。

2. VBE 编程环境构成

如图 8-4 所示，VBE 编程环境包含：菜单栏、工具栏、工程资源管理器窗口、属性窗口、代码窗口、立即窗口、本地窗口、监视窗口等。

（1）菜单栏能够体现 VBE 编程环境所有功能，如图 8-5 所示，可以通过分类菜单下的"选项/子菜单选项"，找到需要使用的功能。

图 8-5　VBE 菜单栏

（2）VBE 通过工具栏（见图 8-6）上的按钮可以实现某种功能的快捷操作，部分按钮对应的功能如表 8-2 所示。

图 8-6　VBE 工具栏

表 8-2　VBE 工具栏部分按钮对应的功能

按钮	功能
	用于切换到 Access 数据库窗口
	插入模块，用于在代码窗口插入新的模块、类模块、过程
	运行子过程/用户窗体，包括执行模块代码、切换到窗体视图运行和执行宏 3 种模式
	中断，用于中断正在运行的程序
	终止正在运行的程序，进入编辑状态
	进入/退出设计模式
	窗口工具组，依次为工程资源管理器窗口、属性窗口、对象浏览器

（3）VBE 编程环境通过不同窗口显示分类对象组成、模块运行结果、程序变量运行值等。各个窗口可以通过"视图"菜单打开，主要的 VBE 窗口功能如表 8-3 所示。

表 8-3　主要的 VBE 窗口功能

窗口	功能
代码窗口	显示、编写和修改程序代码，当多个代码窗口同时打开时，只有一个处于活动状态
立即窗口	（1）执行单行代码； （2）显示语句"Debug.Print 表达式"的运行结果
监视窗口	在中断模式下调试代码时，显示需要监视的对象、表达式以及变量的变化
属性窗口	列出选定对象的属性及属性值，用户可对属性的值进行查看和修改
本地窗口	调试代码时打开该窗口，自动显示当前过程（或函数）中的变量声明及变量值
工程资源管理器窗口	以层次缩进的方式列出当前数据库中的窗体、报表和 VBA 程序模块

其中，代码窗口用于显示、编写、修改程序代码。如图 8-7 所示，代码窗口由代码编辑区、对象组合框、过程组合框、过程视图/全模块视图切换按钮等构成。

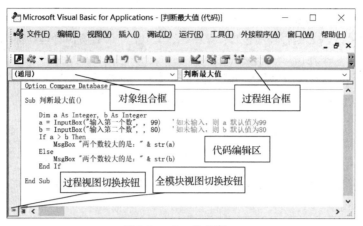

图 8-7　VBE 代码窗口

8.1.3　VBA 代码的从属关系

VBA 代码通常嵌在两类对象中：Microsoft Access 类对象（又称为类模块）和模块对象。

（1）在对象的事件过程中嵌入 VBA 代码，使得 VBA 代码和指定窗体或报表相关联，实现事件驱动，称为代码绑定。

Access 中可以绑定 VBA 代码的类对象（主要为窗体和报表）。

常见用法是建立一个包含按钮的窗体，编写程序代码绑定该按钮的单击事件，如例 8.2。

（2）模块又称为标准模块，在模块中嵌入的 VBA 程序，包含用户自定义子过程或函数过程。

标准模块未绑定数据库对象，因此不属于某个控件，它主要用于存放供数据库对象或代码使用的公共过程，可以在任意时刻运行，例如图 8-7 所示的建立的"判断最大值"过程。

8.1.4　建立 VBA 程序

Access VBA 中，一个完整的程序包含一个或多个子过程（或函数过程），可执行代码段存放于子过程或函数过程中。子过程由"Sub 过程名"开始，至"End Sub"结束。函数过程由"Function 函数名"开始，至"End Function"结束。

本小节分别介绍 Microsoft Access 类对象下绑定 VBA 程序代码和在标准模块中编写独立程序的方法。

1. Microsoft Access 类对象下绑定 VBA 程序代码

【例 8.3】　建立图 8-8 所示的"工资计算"窗体，输入基本工资和绩效工资，求出工资总和，并输出。

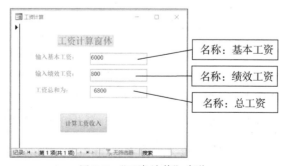

图 8-8　"工资计算"窗体

窗体包含 3 个文本框控件，分别命名为"基本工资""绩效工资""总工资"。在 3 个文本框左侧有 3 个标签，其标题分别为"输入基本工资：""输入绩效工资：""工资总和为："。

窗体包含一个命令按钮控件，将其命名为"计算工资收入"。

计算过程：在"基本工资"文本框中输入月度基本工资，在"绩效工资"文本框中输入月度绩效工资，单击"计算工资收入"按钮，求出月度总工资，在"总工资"文本框中显示月度总工资收入。

具体设计步骤如下。

（1）进入窗体设计视图，选中"计算工资收入"按钮。

（2）在按钮的单击事件文本框右侧单击下拉按钮，选择"[事件过程]"，单击 ⋯ 按钮，进入 VBE 编程环境。

（3）在代码窗口中，"计算工资收入"按钮的单击事件过程已经自动生成，如图 8-9 所示。

（4）在 Private Sub 计算工资收入_Click()和 End Sub 之间编写如下代码，如图 8-10 所示。

```
Dim salary As Integer, ex_salary As Integer, sum_salary As Integer
salary = Val(基本工资.Value)
ex_salary = Val(绩效工资.Value)
sum_salary = salary + ex_salary
总工资.Value = Str(sum_salary)
```

图 8-9　单击事件过程

图 8-10　编写计算工资收入代码

（5）切换回窗体视图，输入基本工资"6000"，绩效工资"800"，单击"计算工资收入"按钮，在"总工资"文本框中显示"6800"。

说明：

（1）程序中，Val()函数的作用是将括号里的数据转换为数值型数据，"基本工资.Value"表示"基本工资"文本框的值；

（2）本例中将 VBA 程序和控件的事件过程绑定，在窗体中运行并显示结果。

2．在标准模块中编写独立程序

【例 8.4】　建立标准模块，编写独立 VBA 程序，求圆半径为 10、高为 15 的圆柱体体积。

具体操作步骤如下。

（1）进入 VBE 编程环境，执行"插入→模块"命令，建立新模块，如图 8-11 所示。

此时，在"模块"下出现名为"模块 1"的新模块，代码"Option Compare Database"是系统自动提供的，用于字符串排序。

（2）执行"视图→立即窗口"命令，打开立即窗口。

（3）执行"插入→过程"命令，打开"添加过程"对话框，如图 8-12 所示，选择类型为"子程序"，输入过程名称"Volume"，设置范围为"私有的"，单击"确定"按钮，添加结果如图 8-13 所示。

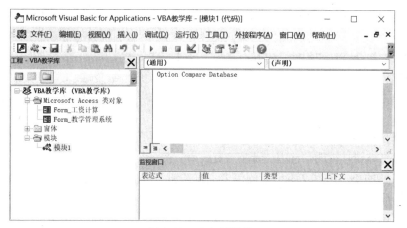

图 8-11   建立新模块

图 8-12   "添加过程"对话框

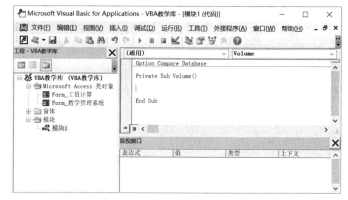

图 8-13   添加结果

（4）编写用户自定义过程 Volume 的代码，单击"运行"按钮，在弹出的对话框中选择 Volume，可以在立即窗口中看到结果。

```
Dim r As Double, h As Double, V As Double
r = 10: h = 15
V = 3.1416 * r ^ 2 * h
Debug.Print V
```

（5）单击"保存"按钮，将"模块 1"存储为"求圆柱体体积"，如图 8-14 所示。

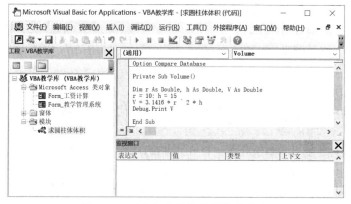

图 8-14   建立标准模块求圆柱体体积

说明：标准模块没有与数据库对象绑定，运行标准模块中的代码时，可以通过 Debug.Print 语句在立即窗口中显示结果。

8.1.5 宏和 VBA 的关系

宏的本质是一系列操作的集合。

1. 将已创建的宏转换为 VBA 模块

【例 8.5】 将已经在 Access 数据库窗口创建的宏，转换为 VBA 模块。

在 Access 数据库窗口建立"打开数据表"宏，Access 导航窗格如图 8-15 所示。"打开数据表"宏的功能是显示 VBA 教学库中"外籍学生成绩统计"表的内容。

要求：将该宏转换为 VBA 模块，并在 VBE 编程环境下运行。

图 8-15　Access 导航窗格

具体操作步骤如下。

（1）选中"打开数据表"宏，右键单击，通过快捷菜单进入设计视图。

（2）执行"宏工具→设计→将宏转换为 Visual Basic 代码"命令。

（3）在弹出的"转换宏:打开数据表"对话框中，单击"转换"按钮，如图 8-16 所示。

图 8-16　单击"转换"按钮

（4）提示"转换完毕"，切换到 VBE 编程环境，可以看到"模块"下出现名为"被转换的宏-打开数据表"新模块。

（5）打开该模块会显示如下代码，此时"打开数据表"宏已经成功转换为 VBA 模块。

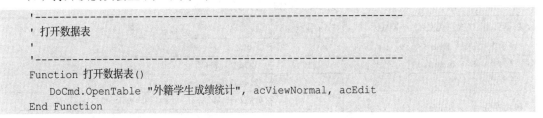

```
'----------------------------------------------------------
' 打开数据表
'
'----------------------------------------------------------
Function 打开数据表()
    DoCmd.OpenTable "外籍学生成绩统计", acViewNormal, acEdit
End Function
```

单击 ▶ 按钮运行该模块代码，切换到 Access 数据库窗口，可以看到数据表"外籍学生成绩统计"已经打开。

此时，函数过程"Function 打开数据表()"前面省略了默认关键字"Public"。

2. 在 VBE 编程环境下创建用户自定义宏和运行宏

在 VBE 编程环境下创建用户自定义宏的操作过程和创建模块中的私有子过程（函数过程）的类似。具体操作过程为：在图 8-12 所示的对话框中，选择类型为"子程序"，设置范围为"公有的"，则新建的子过程为公有子过程，并被当成宏处理。

【例 8.6】 建立模块名为"创建宏"，在模块中插入公有子过程"建立宏示例"，编写如下代码：

```
Public Sub 建立宏示例()
    Debug.Print "这是一个用户自定义的宏。"
    X = 打开数据表()
End Sub
```

将光标移动到 End Sub 后边的空白处，单击 ▶ 按钮，打开图 8-17 所示的"宏"对话框，其中列出了用户定义的所有宏。

选择"建立宏示例"宏，单击"运行"按钮，将在立即窗口显示结果"这是一个用户自定义的宏。"，并在 Access 数据库窗口打开"外籍学生成绩统计"数据表。

图 8-17 "宏"对话框

8.2 VBA 基础知识

本节介绍 VBA 编程的基础知识，包括数据类型、常量和变量、运算符以及表达式等基本概念。

8.2.1 VBA 的数据类型

程序设计的根本目的是处理、加工、展示数据以及数据间的关系，因此首先要了解数据的类型。VBA 提供了丰富的数据类型，常见数据类型如表 8-4 所示。

VBA 的数据类型

表 8-4 VBA 常见数据类型

数据类型	类型英文名	类型标识符	占用字节	功能
字节型	Byte		1	0～255
整型	Integer	%	2	−32768～32767
长整型	Long	&	4	−2147483648～2147483647
单精度型	Single	!	4	负数：−3.402823E38～−1.401298E-45
				正数：1.401298E-45～3.402823E38
双精度型	Double	#	8	负数：−1.79769313486231E308～−4.94065645841247E-324
				正数：4.94065645841247E-324～1.79769313486231E308
货币型	Currency	@	8	−922337203685477.5808～922337203685477.5807
布尔型	Boolean		2	True 或者 False
日期型	Date		8	公元 100/1/1～9999/12/31
字符串型	String	$	变长	短文本/长文本类型，字符串长度范围为 0～20 亿
	String*N		N	短文本类型，字符串长度范围为 1～65400
变体型	Variant			数据为数字，按照 Double 型数据处理；数据为文本，按照变长字符串处理
对象型	Object		4	对象变量，用来引用对象

VBA 中常见数据类型说明如下。

（1）字节型、整型、长整型、单精度型、双精度型、货币型数据，统称为数值型数据。可使用类型标识符定义变量的数据类型，例如：

```
Dim a as Double
```

等同于

```
Dim a#
```

（2）数据库中的文本数据常用字符串型存储，字符串型数据必须使用英文双引号（"）进行标识，例如：

```
"TianJin""123"
```

（3）布尔型数据常用于判断条件真假，取值为 True 或 False。当其他类型的数据转换为布尔型数据时，0 当作 False，其他值当作 True。当布尔型数据转换为其他数据时，False 当作 0，True 当作-1。

例如执行语句 Debug.Print　2+True，在立即窗口显示 1。

（4）日期型数据必须用"#"进行标识，如#2022-7-28#。日期型变量默认以系统设定的短日期格式显示。

（5）若 VBA 程序中使用未显式声明的变量，则 Access 指定该变量的类型为变体类型（Variant）。

变体类型可以存放除了定长字符串型和用户自定义类型外的任何类型的数据，也可以存放 Error、Nothing、Empty、Null 等特殊值。

【例 8.7】 变体类型应用示例。

编写如下代码：

```
Private Sub Variant 类型示例()
Dim a As Double, str1 As String
str1 = "TianJin"
str2 = " China"
a = 1.5
b = 2.6
Debug.Print a + b, str1 & str2
End Sub
```

其中变量 str2 和变量 b 没有显式声明，VBA 默认将它们处理为变体类型。执行赋值语句时系统分别为变量 str2 和变量 b 赋予 String 和 Double 类型的数据，运行时在立即窗口显示的效果如图 8-18 所示。

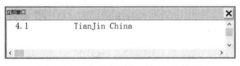

图 8-18　在立即窗口显示的效果

8.2.2　VBA 中的常量和变量

VBA 中的数据可以分为常量和变量。

1. 常量

在程序运行时，值不能改变的量称为常量。常量分为直接常量（字面常量）、

VBA 中的
常量和变量

符号常量、系统常量（固有常量）3 类。

（1）直接常量：以实际值表示的常量，如 100、1.5、"Tust"、""（空字符串常量）、12.3E+5、#2022-7-28 10:10:10 AM#等。

（2）符号常量：使用关键字 Const 定义的常量。如有以下定义：

```
Const Radius = 100
Const PI as Double = 3.1415926
```

则 VBA 程序中遇到 Radius 和 PI 时，会将其替换为 100 和 3.1415926。

使用符号常量主要有以下两点优势。

① 见名知义：读程序时看到 Radius，就会明白它代表的数据是半径。

② 一换全换：当圆半径变为 80 时，只需修改代码为 Const Radius = 80，则所有 Radius 的取值都会改为 80。

（3）系统常量：除了直接常量、符号常量外，Access 系统在类库中预先定义的常量，称为系统常量，如 True、vbRed（代表红色）、vbOK（代表单击消息框中的"确定"按钮，得到返回值 1）等。

系统常量通常以名称的前两个字母指明该常量来源，如来自 VB 类库的常量名称通常以"vb"开头，来自 Access 类库的常量名称通常以"ac"开头（如 acComboBox）。

2．变量

在程序运行时，值可以改变的量称为变量。

（1）变量的命名规则

变量命名需遵循如下规则。

① 变量名由字母、汉字、数字和下画线构成，第一个字符必须是字母或汉字。

② 变量名长度范围为 1～255。

③ 变量名不区分大小写。

④ 变量名不能使用系统保留字（如 If、For 等）。

【例 8.8】 以下遵循 VBA 变量命名规则的是（　B　）。

A．2ab　　　　　　　B．司马昭　　　　　　C．Hello!　　　　　D．Dim

解析：选项 A 以数字开头，选项 C 包含非法中文字符!，选项 D 使用系统保留字作为变量名。

（2）变量的声明

VBA 编程时，往往需要提前声明变量，将这种行为称为对变量进行"显式声明"。其语法格式为：

```
Dim 变量名 as 类型
```

一旦显式声明变量，系统会按照变量所声明的类型，为该变量分配内存空间，如：

```
Dim a As Double, str1 As String, v As Double
```

变量 a 和 v 是双精度型变量，分配 8 字节内存空间；变量 str1 是变长字符串型变量，根据以后变量具体赋值分配内存空间。

如果声明变量时省略"as 类型"，或未经声明直接使用变量，则称为对变量进行"隐式声明"。此时系统会将变量当成变体类型变量处理，为其分配临时存储空间，如：

```
Dim sum_salary
month_salary=5000 : sum_salary=12*month_salary
```

此时，对变量 sum_salary 和 month_salary 进行的均为隐式声明，这两个变量属于变体类型变量。

（3）变量的强制显式声明

为了避免因为隐式声明造成不同类型变量运算时出现难以预料的错误，可以使用"强制显式声明变量"，方法如下。

进入 VBE，在"工具→选项→编辑器"选项卡中，勾选"要求变量声明"复选框，或在代码窗口上方"通用-声明"部分，加入语句 Option Explicit。

设置"强制显式声明变量"后，在编程时，所有变量必须显式声明，否则系统会提示错误。

（4）变量的赋值

VBA 编程时，可以通过赋值运算符"="给变量赋值。系统会根据变量类型为未经赋值的变量赋予默认值。例如，整型变量的默认值为 0，字符串型变量的默认值为""（空字符串），变体类型变量的默认值为 Empty。

赋值语句语法格式：

```
变量名 = 值 或 表达式
```

【例8.9】 计算长为 25m、宽为 10m、高为 3m 的水池容积。

解析：定义 4 个变量，其中 L、W、h 分别存储水池的长、宽、高，V 存储水池容积。

编写代码如下：

```
Private Sub 求水池容积()
Dim L As Single, W As Single, h As Single, V As Single
L = 25 : W = 10 : h = 3
V = L * W * h
Debug.Print "水池容积为: " & V
End Sub
```

通过赋值语句给变量 L、W、h 赋初值，给变量 V 赋值计算结果，利用 Debug.Print 语句在立即窗口输出水池容积。程序的运行结果如图 8-19 所示。

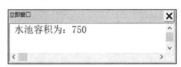

图 8-19　程序的运行结果

说明：在代码窗口编写程序代码，当多条赋值语句位于同一行时，需要用英文冒号":"隔开。

8.2.3　VBA 中的运算符

在进行复杂运算时，需要使用运算符将变量和常量连接起来。VBA 提供数量丰富、功能强大的运算符，根据功能可以将运算符划分为以下几类：算术运算符、关系运算符、逻辑运算符、字符串连接运算符、对象引用运算符。

VBA 中的运算符

1．算术运算符

用于进行算术计算的运算符，统称为算术运算符。VBA 常见的算术运算符如表 8-5 所示。

表8-5　VBA 常见的算术运算符（优先级数字越小表明运算符优先级越高）

运算符名称	运算符释义	优先级	示例	运行结果
（ ）	圆括号	1		
^	乘方	2	4 * 2 ^ 3	32
*	乘法	4	4 * 2	8

运算符名称	运算符释义	优先级	示例	运行结果
/	除法	4	11 / 3	3.66666666666667
\	整除	5	11 \ 3	3
Mod	取模（整除取余数）	7	11 Mod 3	2
+	加法	8	4 + 2	6
−	减法｜负号	8｜3	4 − 2｜−2 * −3	2｜6

（1）对于整除运算和取模运算，若参与运算的数据包含小数，则对小数部分进行"舍入"，再进行运算。

（2）特殊"舍入"规则：若整数个位和小数首位满足"偶5"，则舍5；"奇5"，则进位。例如，23.8 \ 9.5 结果为2，23.8 \ 8.5 结果为3，23.8 Mod 9.5 结果为4，23.8 Mod 8.5 结果为0。

2. 关系运算符

用于比较两个值（或表达式）之间关系的运算符，统称为关系运算符，VBA 提供的常见的关系运算符如表 8-6 所示，关系运算的结果为真（True）或假（False）。

表 8-6　VBA 提供的常见的关系运算符（关系运算符优先级相同）

运算符名称	运算符释义	示例	运行结果
=	等于	10 = 100	False
<>	不等于	10 <>100｜"AB" <> "ab"	True｜True
>	大于	10 >100｜"a" >= "ab"	False｜False
<	小于	10 < 100	True
>=	大于等于	10 >= 10	True
<=	小于等于	10 <= 10	True
Like	进行字符串匹配判断	"Tianjin"　Like　"*jin"	True

3. 逻辑运算符

关系运算用来判断一个条件是否成立，当命题需要进行多条件判断时，则要用到逻辑运算。

例如，比较 30 和 20 的大小关系时，表达式 30 > 20 的结果为 True；比较 30、20、10 的大小关系时，表达式 30 > 20 > 10 的结果为 False，这显然不符合事实。此时可以通过逻辑运算解决上述问题：30 > 20 And 20 > 10。

VBA 提供了 3 种逻辑运算符，它们是 Not（单目运算符）、And（双目运算符）、Or（双目运算符），如表 8-7 所示。

表 8-7　VBA 提供的逻辑运算符

运算符名称	运算符释义	示例	运行结果	优先级
Not	非：取反运算，真变为假，假变为真	Not True｜Not False	False｜True	1
And	与：两边同时为真，结果为真	30 > 20 And 20 > 10	True	2
Or	或：两边只要有一个为真，结果为真	10 > 20 Or 30 > 20	True	3

【例 8.10】 查看姓"张"的同学的高数课情况，该操作的条件部分应描述为（　B　）。
A. 姓名 ="张*"　And　课程 ="高数"　　　B. 姓名 Like "张*"　And　课程 ="高数"
C. 姓名 ="张*"　Or　课程 ="高数"　　　D. 姓名 Like "张*"　Or　课程 ="高数"

解析："姓张"表示名字以汉字"张"开头,后面跟着一个或多个字符,此时使用 Like 运算符进行字符串匹配,故 A 和 C 错误。根据题意可知,"姓张"和"高数课"属于同时要求满足的条件,因此需要使用 And 运算符表示"并且"关系,故 D 错误。

4．字符串连接运算符

VBA 提供&和+运算符以实现字符串的连接运算。

（1）& 运算符：使用 & 进行字符串连接时,& 运算符两侧的数据无论为何种数据类型的数据,都会强行转化为字符串,进行连接,如" 20" & " 200"的结果为 " 20200",20 & 200 的结果为 " 20200",20 & Null 的结果为 " 20",20 & True 的结果为 "20True"。

（2）+ 运算符：使用 + 进行字符串连接时,由于加法运算的优先级高于连接运算的,因此当 + 运算符两侧均为字符串型的数据时,才能实现字符串连接,否则按照加法进行运算,如 20 + "200"的结果为 220,"20" + "200"的结果为"20200"。

上述 4 种运算的优先级关系为：（>表示高于）

算术运算 > 字符串连接运算 > 关系运算 > 逻辑运算。

5．对象引用运算符

编写程序时,往往需要用到窗体对象或报表对象,以及窗体或报表上的控件对象。

VBA 提供!和.运算符以实现对象引用。

（1）!运算符

!运算符用于从对象集合（如窗体、报表）中引用用户定义的对象以及对象上的控件,其语法格式为：

容器对象（或对象集合）! 对象名

【例 8.11】 创建图 8-20 所示窗体,窗体名为"工资计算",3 个文本框分别命名为"基本工资""绩效工资""总工资"。在 3 个文本框左侧有 3 个标签,标题分别为"输入基本工资："
"输入绩效工资："""工资总和为"。

要求：单击"计算工资收入"按钮,求得工资总和,将其显示在"工资总和为"文本框内。

图 8-20 "工资计算"窗体

编写如下 VBA 代码：

```
Private Sub 计算工资收入_Click()
Dim salary As Integer, ex_salary As Integer, sum_salary As Integer
salary = Val(Forms!工资计算!基本工资.Value)
ex_salary = Val(Forms!工资计算!绩效工资.Value)
sum_salary = salary + ex_salary
Forms!工资计算!总工资.Value = str(sum_salary)
End Sub
```

代码中，"Forms"为窗体对象集合，"工资计算"为用户创建的窗体（容器对象），"基本工资""绩效工资""总工资"为用户在"工资计算"窗体上创建的文本框控件。

可以看到，通过!运算符能够实现逐层引用不同对象的功能。

当引用的控件对象和 VBA 代码位于同一窗体（或报表）时，窗体集合（报表集合）、窗体名（报表名）可以省略，也就是：

```
salary = Val(基本工资.Value)
```

等同于

```
salary = Val(Forms!工资计算!基本工资.Value)
```

（2）.运算符

.运算符用于引用窗体（或报表）上的控件对象，以及控件对象本身拥有的属性或方法，其语法格式为：

```
容器对象. 对象名  或  对象.属性|方法
```

例如，在立即窗口输出"基本工资"文本框的值：Debug.Print 工资计算.基本工资.Value。
将标签控件 Label1 的"标题"属性改为"总收入"： 工资计算.Label1.caption="总收入"。

（3）!运算符和.运算符的异同

① 引用窗体（或报表）上的控件对象时，!运算符和.运算符功能相同。例如：

```
工资计算.基本工资.Value
```

等同于

```
工资计算!基本工资.Value
```

② !运算符不能引用控件的属性和方法，而.运算符可以引用控件的属性和方法。例如：

```
基本工资!Value    错误
基本工资.Value    正确
```

说明：代码所在窗体（或报表）有专有名称 Me。例如：

```
工资计算!输入基本工资.Value
等同于
Me!基本工资.Value
```

8.2.4　VBA 中的表达式

表达式是指通过运算符将运算对象连接起来的式子，运算完成得到的结果称为表达式的值。表达式中的运算对象可以是常量、变量、对象中的属性值以及其他表达式。

【例 8.12】 以下选项中，可以得到字符串 "12*4=48" 的 VBA 表达式为（　A　）。

A．"12*4" & "=" & 12*4　　　　　　　　B．"12*4" += 12*4

C．12*4 + "=" + 12*4　　　　　　　　　D．"12*4" & "=" + 12*4

解析：使用 + 运算符时，加法运算优先级高于连接运算，因此+运算中只要出现数字，就会按照加法执行，所以 B、C、D 有语法错误。

【例 8.13】 将名为"欢迎"的文本框内容改为"来到天津科技大学"的 VBA 表达式为（　B　）。

A．欢迎.Text = "来到天津科技大学"　　　　B．欢迎.Value = "来到天津科技大学"

C．"来到天津科技大学" = 欢迎.Text　　　　D．"来到天津科技大学" = 欢迎.Value

解析：VBA 中文本框的值对应 Value 属性，因此 A 错误，进行赋值运算时"="左边必须是变量名，C 和 D 中"="左边为字符串型常量"来到天津科技大学"，错误。

VBA 表达式的书写规范如下。

（1）表达式中不能出现上下标和竖式。

（2）表达式不能省略乘号，如 2a + 3 必须写成 2 * a + 3。

（3）表达式中只能使用圆括号，并且圆括号必须成对出现，如 2 * [a * (b + 8) + c] 应写为 2 * (a * (b + 8) + c)。

（4）数学上的符号和公式，应写为 VBA 中的运算符、函数或公式，如求 x 的绝对值：| x |应写为 Abs(x)（Abs()是 VBA 中求绝对值的函数）。

8.2.5 VBA 程序的输入

VBA 程序的
输入和输出

在编写程序时，往往要求能够在程序运行时输入即时数据，从而保持代码的灵活性和可重用性，此时需要用到输入语句。VBA 提供两种数据输入方式：InputBox()函数输入及通过改变控件属性值输入。本小节主要讲解第一种输入方式。

InputBox()函数弹出输入对话框并显示提示信息，在用户输入数据并单击"确定"按钮后，返回输入的内容（其类型为字符串型）。InputBox()函数的语法格式为：

```
InputBox（提示信息 [,输入对话框框标题]  [,默认值]）
```

例如，利用 InputBox()函数输入梯形上底，并赋值给变量 a，VBA 语句如下：

```
a = Val ( InputBox ( "请输入上底: ", "梯形上底", "10" ) )
```

运行时弹出输入对话框，如图 8-21 所示。

图 8-21 输入对话框

其中，"请输入上底："是提示信息，"梯形上底"是输入对话框标题，"10"是默认值。如果没有输入值而是直接单击"确定"按钮，则返回默认值"10"（字符串型），将该值转换为数字后赋给变量 a。

8.2.6 VBA 程序的输出

程序运行时通常需要将运行结果输出，此时要用到输出语句。VBA 提供 3 种输出方式（本小节主要讲解前两种输出方式的用法）：利用 MsgBox()函数或 MsgBox 过程输出；通过 Debug.Print 方法在立即窗口输出；通过改变控件对象属性值输出，如文本框的 Value 属性。

（1）利用 MsgBox()函数或 MsgBox 过程输出。

MsgBox()函数语法格式为：

```
MsgBox（提示信息 [,按钮 1+按钮 2+…] [,消息框标题]）
```

例如：

```
result = MsgBox ( "梯形面积为: " & area, vbYesNo + vbInformation, "程序结束提示" )
```

其中，系统常量 vbYesNo 用于确定消息框按钮类型，vbInformation 用于确定提示按钮类型。MsgBox 过程语法格式为：

```
MsgBox 提示信息 [,按钮1+按钮2+…] [,消息框标题]
```

例如：

```
MsgBox "梯形面积为：" & area, vbYesNo + vbInformation, "程序提示结束"
```

MsgBox()函数和 MsgBox 过程的区别如下。

MsgBox()函数需要带圆括号确定参数范围，MsgBox 过程不需要圆括号。MsgBox()函数通常将返回值赋给一个变量，MsgBox 过程没有返回值，不能给变量赋值。

（2）通过 Debug.Print 方法在立即窗口输出结果。

Debug.Print 方法输出的结果显示在 VBE 编程环境立即窗口中，输出对象列表通过英文逗号或分号分隔，若省略输出对象列表，则输出空行。其语法格式为：

```
Debug.Print [输出对象列表]
```

例如：

```
Debug.Print "梯形面积为：" & area
```

【例 8.14】 输入梯形上底、下底和高，求梯形面积。

编写代码如下：

```
Private Sub 输入输出示例()
Dim a As Single, b As Single, h As Single, area As Single
a = Val(InputBox("请输入上底：", "梯形上底", "10"))
b = Val(InputBox("请输入下底：", "梯形下底", "10"))
h = Val(InputBox("请输入高：", "梯形高", "10"))
area = (a + b) * h / 2
Debug.Print "梯形面积为：" & area
MsgBox "梯形面积为：" & area, vbYesNo + vbInformation, "程序结束提示"
End Sub
```

程序运行时分别输入上底 10、下底 20、高 10，通过 MsgBox 过程和立即窗口查看输出结果，效果分别如图 8-22 和图 8-23 所示。

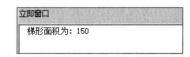

图 8-22　通过 MsgBox 过程查看输出结果的效果　　图 8-23　通过立即窗口查看输出结果的效果

8.3 VBA 程序设计

现实中，很多需求无法简单通过创建表、查询、窗体或者报表满足，必须通过编写程序代码来满足。

例如，求 $e^x = 1 + \dfrac{x}{1!} + \dfrac{x^2}{2!} + \dfrac{x^3}{3!} + \cdots, -\infty < x < \infty$。

显然，上述需求无法通过建立表、查询等方法实现，而需要编写 VBA 程序。

VBA 程序由语句构成，是实现某个（某些）功能的语句有序集。

编写 VBA 程序需要遵循相应的语法规则，程序中的语句必须符合 VBA 语法要求才能被编译系统识别，实现人机交互。

结构化程序设计是指程序由顺序结构、选择结构、循环结构 3 种基本结构构成，同时，程序要完成的功能，都能通过 3 种基本结构组合、嵌套实现。

8.3.1 顺序结构程序设计

顺序结构：语句按照从上向下的顺序逐条执行。顺序结构是结构化程序设计中最基本的结构，它常用于实现输入、输出、赋值、表达式计算等。

顺序结构编程通常包括以下步骤。

（1）声明变量，通过 InputBox()函数或赋值语句给变量赋初值。

（2）利用数学公式或算法求解。

（3）通过 MsgBox()函数（或 MsgBox 过程）、Debug.Print 方法或改变控件属性值，输出结果。

顺序结构程序
设计

【例 8.15】 顺序结构综合示例：输入三角形三边长，利用海伦公式求三角形面积。

海伦公式为 area $= \sqrt{s(s-a)(s-b)(s-c)}$，其中，$s$ 为三角形半周长$(a+b+c)/2$。

解析：程序的编写过程如下。

（1）定义变量 a、b、c，用以存放三角形三边长，利用 InputBox()函数输入三角形三边长。

（2）计算出半周长 s，通过系统内置函数 Sqr()求出平方根，将平方根赋给变量 area。

（3）将得到的三角形面积 area，通过 Debug.Print 方法在立即窗口输出。

建立"海伦公式求三角形面积"模块，编写代码如下：

```
Private Sub 求三角形面积()
Dim a As Single, b As Single, c As Single, area As Single, s As Single
a = Val(InputBox("输入三角形边长: ", , "10"))
b = Val(InputBox("输入三角形边长: ", , "10"))
c = Val(InputBox("输入三角形边长: ", , "10"))
s = (a + b + c) / 2
area = Sqr(s * (s - a) * (s - b) * (s - c))
Debug.Print "三角形面积为: " & area
End Sub
```

在运行时分别输入三边长 3、4、5，在立即窗口输出结果 6，运行结果如图 8-24 所示。

图 8-24　运行结果

8.3.2 选择结构程序设计

很多情况下，需要通过判断条件决定是否执行某条（某些）语句，此时可以使用选择结构实现。选择结构主要有以下几种形式。

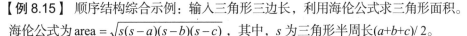
选择结构程序
设计

1．标准选择结构：If–Then–Else–End If
标准选择结构语法格式为：

```
If  条件表达式 P  Then
    语句块 A
Else
    语句块 B
End If
```

说明：若条件表达式 P 成立，则执行语句块 A，否则执行语句块 B。

【例 8.16】 输入两个整数 a 和 b，求其中较大的数。

解析：建立模块，将模块命名为"求大值"；建立过程，将过程命名为"max_ab"。
在 max_ab 过程中编写如下代码：

```
Dim a As Integer, b As Integer
a = val(InputBox("输入第一个数", , 99))    '如未输入，则 a 的默认值为 99
b = val(InputBox("输入第二个数", , 80))    '如未输入，则 b 的默认值为 80
If a > b Then                             '如 a>b 成立则输出 a，否则输出 b
    MsgBox "两个数较大的是: " & str(a)
Else
    MsgBox "两个数较大的是: " & str(b)
End If
```

程序运行时输入 100、120，输出 120，运行结果如图 8-25 所示。

图 8-25　运行结果

2．单分支选择结构：If–Then–End If
单分支选择结构语法格式为：

```
If  条件表达式 P  Then
    语句块 A
End If
```

说明：条件表达式 P 成立，则执行语句块 A，否则选择结构结束。

【例 8.17】 输入天气状况，若天气状况为暴雨、中暴雨、大暴雨、特大暴雨，则提示"今天改线上上课"。

编写程序如下：

```
Dim 天气 As String
天气= InputBox("请输入天气状况: ", , , "晴天")
If 天气 like "*暴雨" Then
    MsgBox "今天改线上上课"
End If
```

3. 多分支选择结构：If–Then–ElseIf–Then...Else–End If

多分支选择结构语法格式为：

```
If  条件表达式 P1  Then
    语句块 A1
ElseIf 条件表达式 P2  Then
    语句块 A2
…
Else
    语句块 An
End If
```

解释：若条件表达式 P1 成立，则执行语句块 A1，否则判断条件表达式 P2 是否成立，若 P2 成立，则执行语句块 A2，否则继续判断……若所有条件表达式都不成立，则执行语句块 An。

【例 8.18】 输入百分制成绩，输出对应的等级。

$$等级=\begin{cases} A & S \geqslant 90 \\ B & 75 \leqslant s \leqslant 89 \\ C & 60 \leqslant s \leqslant 74 \\ D & s < 60 \end{cases}$$

解析：建立模块，将模块命名为"学生成绩等级"，建立过程，将过程命名为"判断等级"。通过 InputBox() 函数给 mark 赋值。利用多分支选择结构进行判断，在立即窗口输出 mark 对应的等级。

编写程序如下：

```
Private Sub 判断等级()
Dim mark As Integer, level As String
mark = Val(InputBox("请输入分数：", "学生成绩等级", "100"))
If mark >= 90 Then
    level = "A"
ElseIf mark >= 75 Then
    level = "B"
ElseIf mark >= 60 Then
level = "C"
Else
    level = "D"
End If
Debug.Print "该同学的成绩等级为：" & level
End Sub
```

程序运行时输入成绩 77，输出该成绩对应的等级 B，运行结果如图 8-26 所示。

图 8-26　运行结果

思考以下问题。

为何条件表达式写成 mark >= 75 而不是 mark >= 75 And mark <= 89 呢？

条件表达式是否可以写成 75 <= mark <= 89 呢？

4. 多分支选择结构：Select Case–Case...Case Else–End Select

该结构是 VBA 提供的另一种多分支选择结构，该结构可以根据变量或表达式的值从多个分支中选择需要执行的语句块。其语法格式为：

```
Select Case 变量或表达式
    Case 表达式列表1
        语句块 A1
    Case 表达式列表2
        语句块 A2
    …
    Case 表达式列表 n
        语句块 An
    Case Else
        语句块 An+1
End Select
```

相关说明如下。

（1）在执行时，求出 Select Case 后的变量或表达式的值，按照自上而下的顺序和 Case 后的表达式列表进行匹配，如果匹配，则执行对应的语句块。如果前边的 Case 后的表达式列表都未匹配成功，则执行 Case Else 分支语句块。

（2）如果多个 Case 后的表达式列表值和 Select Case 后的变量或表达式值匹配，那么只执行第一个匹配的 Case 下的语句块。

（3）Select Case 后面的变量或表达式的类型，只能是数值或字符串型。

【例 8.19】 分段函数求值：输入某年某月，输出该月对应的天数。

解析：一年中，1、3、5、7、8、10、12 为大月，有 31 天；4、6、9、11 为小月，有 30 天；如果输入年份为闰年，则该年的 2 月有 29 天，否则有 28 天。

已知闰年条件为：year Mod 4 = 0 And year Mod 100 <> 0 Or year Mod 400 = 0。程序在运行时分别输入年份（year）和月份（month），在立即窗口输出该月对应天数。

具体操作步骤如下。

① 建立模块，将模块命名为"输入年月求该月天数"；建立过程，将过程命名为"求天数"。

② 通过 InputBox() 函数输入年份、月份，利用 Select Case-Case…Case Else-End Select 结构判断输入的月份匹配哪个 Case 分支。

③ 对于 2 月，在 Case 2 分支下进行闰年判断。

④ 每个分支下，使用 Debug.Print 语句在立即窗口输出结果。

编写程序如下：

```
Private Sub 求天数()
Dim year As Integer, month As Integer
year = Val(InputBox("输入年份", , "2022"))
month = Val(InputBox("输入月份", , "2"))
Select Case month
    Case 1, 3, 5, 7, 8, 10, 12
        Debug.Print year & "年" & month & "月" & "天数为: " & 31
    Case 4, 6, 9, 11
        Debug.Print year & "年" & month & "月" & "天数为: " & 30
    Case 2
        If year Mod 4 = 0 And year Mod 100 <> 0 Or year Mod 400 = 0 Then
            Debug.Print year & "年" & month & "月" & "天数为: " & 29
        Else
            Debug.Print year & "年" & month & "月" & "天数为: " & 28
        End If
    Case Else
        Debug.Print "您输入的月份有误! "
End Select
End Sub
```

程序运行时输入年份为 2020、月份为 2，运行结果如图 8-27 所示。

图 8-27　运行结果

Case 后的表达式列表，可以是以下形式。

① 表达式，如 12+2。

② 逗号隔开的枚举表达式（或枚举变量、常量），如 1,3,5,7,8,10,12。

③ 表达式 1 To 表达式 2，如 90 To 100。

④ Is 关系运算符表达式，如 Is <=59。

【例 8.20】 输入 x，若 x 大于 100 则输出 2*x 的值，否则输出-x 的值。

利用 Select Case-Case…Case Else-End Select 结构实现的代码段如下：

```
Select Case x
  Case Is > 100
     Debug.Print 2 * x
  Case Else
     Debug.Print -x
End Select
```

说明：Case Is > 100 分支表示当 x 取值大于 100 时，执行 Debug.Print 2 * x。

5．选择结构的嵌套

选择结构的某个分支中出现另一个选择结构的情况，称为选择结构的嵌套。

【例 8.21】 输入 3 个数，求其中最大值。

算法设计如下。

（1）创建模块"求三个数最大值"，创建过程"max_3"。

（2）定义变量，利用 InputBox()函数输入 a、b、c 的值。

（3）求最大值：

① 若 a<b 成立，说明 b 较大，继续判断 b<c 是否成立，成立则输出 c，否则输出 b；

② 若 a<b 不成立，说明 a 较大，继续判断 a<c 是否成立，成立则输出 c，否则输出 a。

编写程序如下：

```
Private Sub max_3()
Dim a As Integer, b As Integer, c As Integer
a = Val(InputBox("输入数字", , "10"))
b = Val(InputBox("输入数字", , "10"))
c = Val(InputBox("输入数字", , "10"))
If a < b Then
  If b < c Then
    Debug.Print c
  Else
    Debug.Print b
  End If
Else
  If a < c Then
    Debug.Print c
  Else
    Debug.Print a
  End If
End If
End Sub
```

本例中，外层选择结构的"是分支""否分支"，它们分别嵌套另一个选择结构。程序运行时输入 20、10、18，输出最大值 20。

8.3.3 循环结构程序设计

循环结构程序设计

通过设置循环判断条件，多次重复执行同一段语句块的过程，称为循环。VBA 实现循环结构的方式主要有以下几种。

1. While –Wend 循环结构

While –Wend 循环的语法格式为：

```
While 条件表达式 P
    循环体
Wend
```

说明：在执行时，先判断条件表达式 P 是否成立，成立则执行循环体，循环体执行完毕继续判断条件表达式 P 是否成立……当某次条件表达式 P 不成立时，循环结束。

【例 8.22】 编写程序，使用 While –Wend 循环求 10 的阶乘（10!）。

建立模块"While –Wend 求阶乘"，建立过程"while 循环求阶乘"，编写程序如下 ：

```
Rem 求 10!
Private Sub while 循环求阶乘()
Dim s As Double, x As Integer, y As Single
s = 1: x = 1            '变量初始化
While x <= 10           '循环条件
    s = s * x
    x = x + 1           '循环变量变化
Wend
Debug.Print 10 & "的阶乘是: " & s
End Sub
```

程序的运行结果如图 8-28 所示。

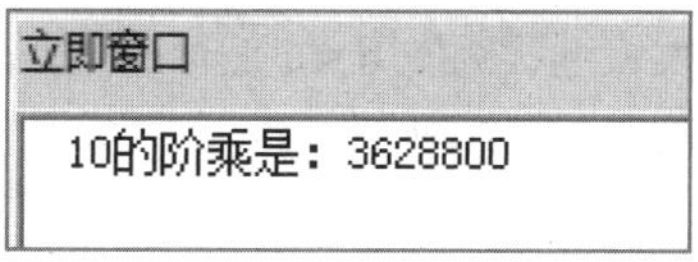

立即窗口

10的阶乘是: 3628800

图 8-28　程序的运行结果

其中，Rem 求 10!、'变量初始化、'循环条件、'循环变量变化等 4 句语句，属于注释语句（语句前加上 Rem 或 '），注释语句的作用是提高程序可读性。程序在运行时会自动忽略注释语句，不进行处理。

程序运行过程如下。

（1）先给变量 s 和 x 赋初始值。

（2）判断循环条件 x <= 10 是否成立，如果循环条件成立，执行循环体转入（3），如果条件不成立，则转入（4）。

（3）执行 s = s * x 和 x = x+1，循环变量发生变化，转入（2）。

（4）输出结果。

说明：本例中 10!超出整型（Integer）值的取值范围（-32768～32767），因此存储乘积的变量 s 应声明为双精度型（Double）或单精度型（Single），否则会发生溢出错误。

循环结束后 x 的值是 11，而不是 10。

2. Do – Loop 循环结构

Do – Loop 循环结构有两种语法格式。

第 1 种：

```
Do While | Until 条件表达式 P
    循环体
Loop
```

说明：当条件表达式 P 成立（While）或当条件表达式 P 不成立（Until）时，执行循环体。

【例 8.23】 编写程序输出 10、9、8、7、6、5，两个数之间以空格分隔，两种方式的实现代码段如下：

```
x = 10                          x = 10
Do Until x < 5                  Do While x >= 5
    Debug.Print x ;                 Debug.Print x ;
    x = x - 1                       x = x - 1
Loop                            Loop
```

本例中，上述两种方式能够实现相同功能，循环条件相反。

第 2 种：

```
Do
    循环体
Loop While | Until 条件表达式 P
```

说明：先执行循环体，再判断条件表达式 P 是否成立，当条件表达式 P 成立（While）或条件表达式 P 不成立（Until）时，继续执行循环体。

通过分析可知，第 1 种和第 2 种语法格式在写法上的区别在于是先判断还是先执行。

【例 8.24】 代码可以改写为如下形式：

```
x = 10                          x = 10
Do                              Do
    Debug.Print x ;                 Debug.Print x ;
    x = x - 1                       x = x - 1
Loop Until x < 5                Loop While x >= 5
```

说明：语句"Debug.Print x ;"中的英文分号";"表示输出多个数据时数据以 1 个空格分隔；如果将英文分号换成英文逗号","，则输出多个数据时数据以"Tab"键确定的空格数分隔。

3. For – Next 循环结构

For – Next 是 VBA 最常用的循环结构之一。其语法格式如下：

```
For 循环变量 = 循环初值 To 循环终值 Step 步长
        循环体
Next [循环变量]
```

For – Next 循环的执行过程如下。

（1）为循环变量赋初值，按照步长变化方向（正值表示循环变量增大、负值表示循环变量减小），让循环初值与循环终值进行比较，若循环初值变化后趋向于循环终值，则进入循环执行循环体，否则退出循环。

（2）按照步长设定的值使得循环变量增加（减小）固定值。

（3）判断循环变量当前值是否超出循环终值，若未超出则重复执行循环体，否则循环终止。

【例 8.25】 执行以下循环，输出星号"*"的个数是（ D ）。

```
For x = 10 To 1 Step 2
    Debug.Print "*" ;
Next x
```

A. 3个　　　　　　B. 5个　　　　　　C. 1个　　　　　　D. 0个

解析：循环初值为 10，循环终值为 1，循环初值大于循环终值。

按照上述执行过程，执行第（1）步时，由于步长 2 是正数，表明循环变量将不断增大（每次增加 2），循环变量变化背离循环终值，循环体不执行，循环结束。

【例 8.26】 执行以下循环，输出星号"*"的个数是（　A　）。

```
For x = 10 To 15 Step 2
    Debug.Print "*" ;
Next
```

A. 3个　　　　　　B. 5个　　　　　　C. 1个　　　　　　D. 0个

解析：循环初值为 10，循环终值为 15，循环初值小于循环终值。x 为 10、12、14 时，循环体执行 3 次；当 x 为 16 时，循环结束。

For – Next 循环使用说明如下。

（1）循环变量必须是数值型变量，可以是整型或单精度型、双精度型变量。

（2）步长为 1 时，Step 1 可以省略。

（3）在循环体内，遇到 Exit For 语句时，提前退出循环。

（4）For – Next 循环通常用于循环次数已知的情况。

【例 8.27】 以下程序段的功能是（　D　）。

```
For x = 1 To 100 Step 2
    Debug.Print 2 * x - 1 ;
Next
```

A. 输出 100 以内所有奇数　　　　　　B. 输出 100 以内所有被 4 整除余数为 1 的数
C. 输出 200 以内所有奇数　　　　　　D. 输出 200 以内所有被 4 整除余数为 1 的数

解析：Step 2 表示循环变量从 1 开始每次增加 2，即 x 的取值为 100 以内所有奇数。由于 x 是奇数，2 * x – 1 可以写为 2*(2*y+1)-1，即 4*y+1，基中 y 为非负整数，故正确答案为 D。

【例 8.28】 以下程序段的功能是（　B　）。

```
For x = 100 To 1 Step -2
    If x Mod 2 = 0 And x Mod 3 = 0 And x Mod 5 =0 Then
        Debug.Print x ;
    End If
Next
```

A. 正序输出 100 以内所有是 2、3、5 公倍数的偶数

B. 逆序输出 100 以内所有是 2、3、5 公倍数的偶数

C. 正序输出 100 以内所有是 2、3、5 公共余数的偶数

D. 逆序输出 100 以内所有是 2、3、5 公共余数的偶数

解析：For x = 100 To 1 Step -2 确定了循环变量的变化方向是从大到小，并且每次减 2，即 x 为递减的偶数，故排除答案 A 和 C。

If x Mod 2 = 0 And x Mod 3 = 0 And x Mod 5 =0 Then 意为：当 x 整除 2 的余数为 0，x 整除 3 的余数为 0 并且 x 整除 5 的余数为 0 时，条件成立。因此该条件用于确定 x 是否为 2、3、5 的公倍数，综上可知正确答案为 B。

【例 8.29】 编写程序，求 100～999 的所有水仙花数。

水仙花数的定义为：一个三位数，它的各位数字立方和等于它本身。例如 $153 = 1^3 + 5^3 + 3^3$，153

就是水仙花数。

解析：循环变量初值为100，终值为999，由于需判断100～999的所有数，因此步长为1。判断一个三位数是否为水仙花数，应将该数百位、十位、个位数字分离出来，在循环里嵌套选择结构进行判断。

建立模块，将模块命名为"水仙花数"；建立过程，将过程命名为"narcissus"，编写程序如下：

```
Private Sub narcissus()
Dim x As Integer, a As Integer
Dim b As Integer, c As Integer
For x = 100 To 999
  a = x \ 100
  b = x \ 10 Mod 10
  c = x Mod 10
  If a ^ 3 + b ^ 3 + c ^ 3 = x Then
     Debug.Print x & "是水仙花数",
  End If
Next
End Sub
```

运行结果如图8-29所示。

图8-29　运行结果

【例8.30】 编写程序，输入x的值，求表达式$S=1+x^1+x^2+\cdots+x^{10}$的值。

解析：此类问题的关键在于求出通项，然后利用"S=S+通项"不断累加求和。本例通项为x^i，其中i是循环变量，取值范围为1～10。

建立模块和过程，输入如下VBA代码：

```
Private Sub 表达式求和()
Dim i As Integer, S As Double, x As Double
x = Val(InputBox("输入x的值", , 10))
S = 1          'S存储前i项和，初始值为1
For i = 1 To 10
  S = S + x ^ i
Next
Debug.Print "表达式的和为" & S
End Sub
```

程序运行时输入3，运行结果如图8-30所示。

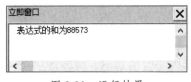

图8-30　运行结果

4．循环嵌套

一个循环的循环体包含另一个循环，称为循环嵌套，又称为多重循环。循环嵌套的要领为：外层循环变化一次，内层循环遍历一轮。

【例8.31】 以下程序段运行后，立即窗口中会输出多少个"*"？

```
For x =1 To 10 Step 2
    For y =1 To 5 Step 1
        Debug.Print "*";
    Next
Next
```

解析：x为1时，y从1变化到5，输出5个"*"；x增加2变为3时，y从1变化到5，输出5个"*"……x取值为1、3、5、7、9，每取一个值，都要输出5个"*"，总计输出5×5 = 25个"*"。

【例8.32】 编写程序，求解《孙子算经》中鸡兔同笼问题。

鸡兔同笼：今有雉兔同笼，上有三十五头，下有九十四足，问雉兔各几何？

释义：现在有鸡兔同笼，头数共35，脚数共94，问鸡和兔分别有多少只？

解析：数学上，本例可以转化为二元一次方程组求解。如下所示，设x为鸡的只数，y为兔的只数，利用代数中"消元法""代入法"求解，就能够得到结果。

$$\begin{cases} x + y = 35 & \text{(i)} \\ 2x + 4y = 94 & \text{(ii)} \end{cases}$$

然而，手动计算并未体现计算机解题的优势，需要牢记，编写程序解决问题的目标之一，就是利用计算机的特点（存储容量大、运行速度快），将复杂的数学算法简化。

思路如下。

x为鸡的只数，应为非负整数，结合方程（i）可知，x最小为0，最大为35。

y为兔的只数，y最小为0，最大为94\4 = 23（即笼中没有鸡全是兔的极端情况）。

综上所述，可以确定x的取值范围为0~35，y的取值范围为0~23。

于是，通过"穷举法"列出x、y所有可能取值，依次代入方程组，判断是否成立。

将x为0（0只鸡）、y为1（1只兔）代入方程，判断0、1是否为解。

判断语句为：

```
If x + y = 35 And 2 * x + 4 * y = 94  Then
    Debug.Print "鸡: " & x; " 兔: " & y
End If
```

判断x为0、y为0~23时是否存在解。

判断x为1、y为0~23时是否存在解。

……

判断x为35、y为0~23时是否存在解。

建立模块和过程，编写程序如下：

```
Private Sub 鸡兔同笼()
Dim x As Integer, y As Integer
For x = 0 To 35
   For y = 0 To 23
     If x + y = 35 And 2 * x + 4 * y = 94 Then
        Debug.Print "鸡兔同笼，头35，足94。"
        Debug.Print "鸡有: " & x & "只，兔有: " & y & "只"
     End If
   Next
Next
End Sub
```

运行结果如图8-31所示。

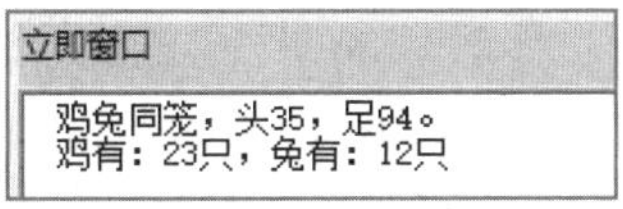

立即窗口

鸡兔同笼，头35，足94。
鸡有：23只，兔有：12只

图 8-31　运行结果

思考题：求方程 $x + 2y + 3z = 100$ 的所有非负整数解，应如何编写 VBA 程序？

8.3.4　面向对象程序设计

用户自定义模块通常未绑定数据库对象，因此无法和窗体、报表以及其上的控件建立联系。

如果希望在已经建立的窗体上单击按钮，响应一段 VBA 代码，并通过窗体上的文本框控件显示运行结果，应该如何操作？此时使用面向对象编程的方式可以有效解决这个问题。

Access 数据库由对象构成，数据库中的表、查询、窗体、报表，以及各种控件，都属于对象，可以针对这些对象进行编程。

1．类、对象、对象集合

类用于定义和描述类似对象，是对象的抽象，而对象则是类的实例。多个同类或不同类的对象可以构成对象集合。

例如，"外语学院 2022 级学生"是一个类，外语学院 2022 级学生中，学号为 10202212 的学生陈强，则是该类的一个具体对象。

学号为 10202201 的学生张红，学号为 10202202 的学生杨斌，学号为 10202203 的学生龚飞……学号为 10202212 的学生陈强，构成了该类的一个对象集合。

可以看到，本例中所有对象属于同一类，都满足"学号以 102022 开头"的条件。

在 Access 中，对象集合可以包含相同或不同类型的对象。

例如，每个窗体都拥有 Controls 对象集合。窗体上可以放置不同类型的对象，如标签、文本框、按钮等控件，它们都属于 Controls 对象集合。使用对象集合，便于跟踪、引用某一具体对象。

Access 提供数十种不同类型的对象和对象集合，它们以层次结构的方式关联。

常见的 VBA 对象如下。

（1）Application：位于最上层的对象，即 Access 应用程序。

（2）CurrentData：包括表、查询等多个当前数据库中特定对象的集合，通过 CurrentData 可以引用存储在当前数据库中的对象。

（3）CurrentProject：包括窗体、报表等多个当前数据库中特定对象的集合，通过 CurrentProject 可以引用存储在当前数据库中的对象。

（4）DBEngine：DAO 模型中的顶级对象，包含和控制 DAO 对象层次结构中的所有其他对象。

（5）DoCmd：通过 DoCmd 调用 Access 内置方法，实现特定功能，如打开窗体和设置控件值。

（6）Forms：当前所有打开窗体的集合。

（7）Reports：当前所有打开报表的集合。

对于初学者而言，通常用不到较高层级的对象和对象集合。只需要掌握窗体（Form）对象、报表（Report）对象以及窗体和报表上的控件对象，如文本框（TextBox）对象、标签（Label）对象、命令按钮（CommandButton）对象等。

2．对象的属性、方法和事件

属性：用于描述对象本身所拥有的特性以及和其他对象的共性。

方法：对象本身所拥有的行为（该对象能够执行的功能）。

VBA 中，方法通常定义为系统已经设计好的某些特殊过程或函数，如刷新

属性、方法和
事件

（Refresh）、获取焦点（SetFocus）、移动（Move）、输出结果（Debug.Print）等。

事件：外界施加在对象身上的动作，如单击（Click）事件、双击（DblClick）事件、按下键盘任意键（KeyDown）事件、鼠标指针滑过（MouseMove）事件。

【例 8.33】 身高 1.83m 的王健同学，在 100m 跑中跑出 11.3s 的成绩，荣获冠军，获得室友的拥抱与祝贺。这句话中，"身高"、"跑"（第 2 个）、"室友的拥抱与祝贺"分别属于对象的（　C　）。

A．属性、事件、方法　　　　　　　　　　B．事件、属性、方法

C．属性、方法、事件　　　　　　　　　　D．方法、属性、事件

解析："身高"是对象王健的特征描述，属于属性；"跑"是对象王健本身能够做出的行为，属于方法；"室友的拥抱与祝贺"属于外界施加在对象王健身上的动作，属于事件。

【例 8.34】 在 Access 数据库窗口下建立窗体 Form，则以下描述正确的是（　C　）。

A．Form.height 是窗体的高，因此 height 是方法

B．Form.width 是窗体的宽，因此 width 是事件

C．Form. Refresh 能实现窗体自我刷新，因此 Refresh 是方法

D．Form. Load 能够自动加载窗体，因此 Load 是方法

解析：Access VBA 中 Form 窗体对象的 height、width 是属性，所以 A 和 B 错误，Load 是窗体加载事件，所以 D 错误。

3．事件触发机制

面向对象程序设计最为重要的设计理念之一是"事件触发"机制。事件触发是指针对对象的某个事件过程编写 VBA 代码，一旦触发该事件，则执行相应代码实现某项功能。

【例 8.35】 在文本框中输入两个数，选择不同运算符，实现两个数的四则运算。

建立图 8-32 所示窗体，该窗体中包含 3 个文本框控件 Text1、Text2、Text3；一个选项组控件 Frame1，选项组控件创建 4 个标签，标签名称分别为 +、-、*、/；一个命令按钮控件 Command1；若干标签控件。

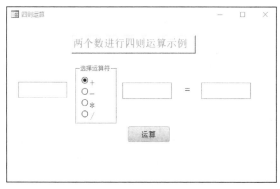

图 8-32 "四则运算"窗体

解析：获取文本框内容，并将其转换为数值，可以通过"Val(文本框对象名.Value)"实现；通过" If 选项组控件名.Value = 选项值 Then"，实现对当前选择哪种运算符的判断。

将 VBA 代码和按钮的单击事件过程绑定，操作方法为：在窗体设计视图中，选中命令按钮控件，打开"属性表"，选择"事件→事件过程→ ⋯ "，进入 VBE 编程环境。在代码窗口出现如下事件过程：

```
Private Sub Command1_Click()

End If
```

此时，按钮 Command1 的单击（Command1_Click）事件过程已经和本段代码绑定。编写如下 VBA 代码：

```
Private Sub Command1_Click()
Dim a As Double, b As Double, c As Double
a = Val(Text1.Value)
b = Val(Text2.Value)
If Frame1.Value = 1 Then
    c = a + b
ElseIf Frame1.Value = 2 Then
    c = a - b
ElseIf Frame1.Value = 3 Then
    c = a * b
ElseIf Frame1.Value = 4 Then
    c = a / b
End If
Text3.Value = c
End Sub
```

切换到窗体视图，在文本框 Text1 和 Text2 中输入数值，选择不同运算符，单击"运算"按钮，在文本框 Text3 中显示相应运算结果，如图 8-33 所示。

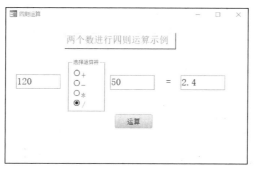

图 8-33　两个数进行四则运算结果

【例 8.36】　建立图 8-34 所示窗体，在窗体视图单击"计算"按钮，在图 8-35 所示的对话框中输入整数 n，在文本框中显示 n 的阶乘（n!）。

图 8-34　"求 n 的阶乘 n!"窗体

图 8-35　输入整数 n

解析：参考例 8.35，将 VBA 程序代码和按钮的单击事件过程绑定，在按钮的单击事件过程里编写如下代码：

```
Private Sub Command1_Click()
Dim x As Integer, n As Integer, factorial As Double
n = Val(InputBox("输入 n 的值", , "10"))
factorial = 1
For x = 1 To n
  factorial = factorial * x
```

```
Next
Text1.Value = n & "的阶乘是: " & factorial
End Sub
```

切换到窗体视图，单击窗体上"计算"按钮，在弹出的对话框的文本框中输入 9，单击"确定"按钮，则窗体的文本框中显示结果"9 的阶乘是：362880"。

学习提示：例 8.35、例 8.36 没有考虑错误输入的情况，如果在输入"1200"时误输入了"12oo"，此时，Val()函数将字符串"12oo"转换为数值时，仅转换前两位"12"，运行结果将出错。

4．VBA 控件对象的常见属性及事件过程

控件对象的属性，可以通过以下两种方式查看。

（1）在窗体（报表）设计视图下，打开"属性表"，选择需要查看的控件对象，切换为该控件对象的"属性表"，显示不同类型对象属性和属性取值。

（2）在窗体（报表）设计视图下，选中某控件，切换到 VBE 编程环境，打开"视图→属性"窗口，显示该控件对象的"属性表"，如图 8-36 所示。

以下为部分常用属性及其适用对象。

（1）Name：名称属性，只能在设计视图下设定，适用于所有对象。

（2）Caption：标题属性，可以通过编写代码更改，适用于窗体、报表、标签、按钮等对象（文本框对象没有此属性）。

（3）Value：值属性，部分情况下可以通过编写代码更改，适用于文本框、组合框、列表框、选项组等控件。

（4）Visible：显示/隐藏属性，适用于大多数可见控件，该属性固定的取值为 True 或 False，它决定控件对象在容器（如窗体）上是否显示。

图 8-36　属性表

控件对象能够响应的事件过程，可以通过 3 种方式查看。

（1）在窗体（报表）设计视图下，打开"属性表"，选择需要查看的控件对象，则切换为该控件对象的"属性表"，打开"事件"选项卡，可以看到该控件对象能够响应的事件过程。

（2）在窗体（报表）设计视图下，选中某控件，切换到 VBE 编程环境，打开"视图→属性"窗格，则显示该控件对象的"属性表"，通过"按分类序"，可查看该控件对象能够响应的事件过程。

（3）在 VBE 编程环境中，单击代码窗口上方的"对象组合框"，能够切换不同对象，选择某一控件对象后，单击"过程组合框"，可以看到该控件对象能够响应的事件过程。

VBA 控件的常见事件过程如下。

（1）单击（Click）事件：单击触发的事件过程。

（2）双击（DblClick）事件：双击触发的事件过程。

（3）按下键盘任意键（KeyDown）事件：当控件对象获取焦点时，按下键盘任意键触发此事件过程。

（4）鼠标指针滑过（MouseMove）事件：当鼠标指针从控件对象上方滑过时触发此事件过程。

（5）更改（Change）事件：指定对象（如文本框）内容发生变化时，触发此事件过程。

8.3.5　VBA 中的数组

数组：由相同类型数据构成的数据集，存储在一段连续内存空间中。在 VBA 中，通过定义数组类型变量，访问和使用这些数据。

数组通常包含多个形式相同的变量，称为数组元素，数组的命名规则和变量

VBA 中的
数组

的命名规则相同。

1. 一维数组

数组必须先定义后使用（即不允许隐式声明），定义数组方法如下：

```
Dim 数组名（[索引下界 To] 索引上界）[As 数据类型]
```

例如：

```
Dim A（100 To 200）As Integer
```

说明：定义名为 A 的数组，数组中包含 101 个元素，分别为 A(100),A(101),…,A(200)，数组中每个元素都是整型元素。

定义数组时需要注意以下几点。

（1）定义数组时，索引的下界可以省略，默认为 0。例如：

```
Dim B（50）As Single    相当于    Dim B（0 To 50）As Single
```

（2）省略"As 数据类型"时，数组的类型为变体类型。

（3）数组元素的引用方式为数组名(索引)，如 A(101)、B(30)。

（4）可以通过在模块声明区域编写语句"Option Base 1"，指定数组索引下界默认值为 1。

（5）使用数组元素时，要避免索引越界，如在定义数组 Dim A(100) As Integer 后，引用 A(101)元素会提示错误信息。

【例 8.37】 求出 200 以内的所有奇数，将结果显示在立即窗口中，程序代码如下。

```
Private Sub 数组使用示例()
Dim A(100) As Integer, i As Integer
For i = 1 To 101
  A(i) = 2 * i - 1
  Debug.Print A(i);
Next
End Sub
```

运行结果如图 8-37 所示。

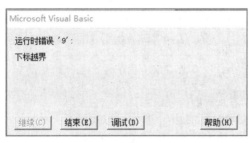

图 8-37　运行结果

说明：

（1）语句 Option Base 1 声明数组索引下界默认值为 1。

（2）语句 Dim A(100) As Integer 定义了数组索引上界、下界为 1 和 100。

（3）当变量 i 的取值为 101 时，引用 A(101)，数组索引越界（超出范围）从而系统报错。本例中，循环语句应改为 For i = 1 To 100。

数组常见使用情况如下。

（1）使用数组解题，关键在于使用索引，通过索引变化可以访问数组中任意元素。

（2）数组通常结合循环使用，通过循环变量变化，可以遍历数组所有（部分）元素。

（3）数组常用于存储大量数据以及解决具有一定规律的数列问题。

【例 8.38】求斐波那契数列前 30 项。斐波那契数列形如：1,1,2,3,5,8,13,…。数列第一项、第二项为 1，从第三项开始每一项为前两项之和。

解析：

（1）本例使用数组存储斐波那契数列。

（2）通过 Option Base 1 声明数组索引下界默认值为 1。数列 a(1),a(2),…,a(30)用于存放 30 个数。

（3）根据斐波那契数列的特点，计算数列第 i 项的方法是 a(i)=a(i−2)+a(i−1)。

本例解题步骤如下。

（1）a(1) = 1: a(2) = 1，给数组前两项赋初值。

（2）循环 For i = 3 To 30，确定需要生成的新数列元素个数。

（3）a(i) = a(i−2) + a(i−1)，利用递推公式依次求出数列中其他项，如 a(3) = a(1) + a(2)、a(9) = a(7) + a(8)，同时输出各项。

编写程序如下：

```
Option Base 1
Private Sub 斐波那契数列()
Dim a(100) As Double, i As Integer
a(1) = 1: a(2) = 1
Debug.Print a(1); a(2);
For i = 3 To 30
  a(i) = a(i - 2) + a(i - 1)
  Debug.Print a(i);
  If i Mod 6 = 0 Then
      Debug.Print
  End If
Next
End Sub
```

程序运行结果如图 8-38 所示。

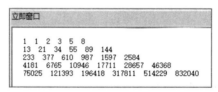

图 8-38　程序运行结果

2．二维数组

二维数组是指由多行多列组成的数组，其定义方式如下：

Dim 数组名（[索引下界 To] 索引上界, [索引下界 To] 索引上界）[As 数据类型]

例如：

Dim A(1 To 10, 101 To 200) As Integer

定义名为 A 的二维整型数组，该数组有两个索引，变化范围分别是 1～10、101～200。

此时，A 数组共包含 10×100 个数组元素，分别是 A(1,101)～A(1,200)、A(2,101)～A(2,200)、…、A(10,101)～A(10,200)。

定义的数组若有多个索引，则被称为多维数组。例如：

Dim A(1 To 3, 1 To 4, 1 To 5) As Integer

定义三维整型数组 A，数组元素共 3×4×5 个。

二维数组的使用和一维数组的没有本质区别，在引用二维数组元素时，必须写全两个索引。

【例 8.39】 建立图 8-39 所示窗体，单击"运算"按钮，生成随机数矩阵 **A** 和随机数矩阵 **B**，同时实现矩阵求和。

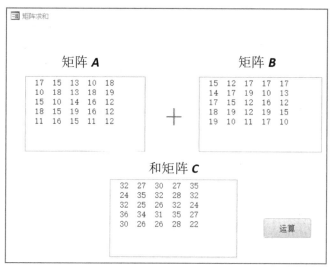

图 8-39 "矩阵求和"窗体

该窗体包含 3 个文本框控件 Text1、Text2、Text3，1 个命令按钮控件 Command1，4 个标签控件，绑定命令按钮控件的单击事件过程，编写程序如下：

```
Option Base 1
Private Sub Command1_Click()
Dim a(5, 5) As Integer, b(5, 5) As Integer, c(5, 5) As Integer
Dim X As Integer, Y As Integer
Text1.Value = "": Text2.Value = "": Text3.Value = ""    '初始化文本框内容为空
'以下代码实现：利用随机数生成数组元素（矩阵元素）
For X = 1 To 5
  For Y = 1 To 5                          '通过循环嵌套遍历数组元素
    a(X, Y) = Int(Rnd() * 10 + 10)    '生成为 10～19 的随机整数，作为数组元素
    b(X, Y) = Int(Rnd() * 10 + 10)
    c(X, Y) = a(X, Y) + b(X, Y)        '实现数组元素对位相加
  Next
Next
'以下代码实现：在文本框中以矩阵的形式列出矩阵元素
For X = 1 To 5
  For Y = 1 To 5
    Text1.Value = Text1.Value & " " & str(a(X, Y)) '将矩阵元素加入文本框
    Text2.Value = Text2.Value & " " & str(b(X, Y))
    Text3.Value = Text3.Value & " " & str(c(X, Y))
  Next
  Text1.Value = Text1.Value & Chr(13) & Chr(10)    '每次加入一行矩阵元素，执行换行
  Text2.Value = Text2.Value & Chr(13) & Chr(10)
  Text3.Value = Text3.Value & Chr(13) & Chr(10)
Next
End Sub
```

代码解析：

```
Dim a(5, 5) As Integer, b(5, 5) As Integer, c(5, 5) As Integer
```

使用二维数组存储矩阵，二维数组元素的行列号与矩阵元素的行列号一一对应。例如，a(1,1)表示矩阵 A 第一行第一列元素。

```
Int(Rnd() * 10 + 10)
```

利用取整函数 Int()和随机数函数 Rnd()生成 10～19（包含 10 和 19）的随机整数，其中随机数函数 Rnd()生成 0～1 的随机小数。

```
For X = 1 To 5
    For Y = 1 To 5
        …
    Next
Next
```

通过循环嵌套遍历数组元素（即遍历矩阵元素），实现矩阵 A 元素和矩阵 B 元素对位相加。

```
Text1.Value = Text1.Value & " " & str(a(X, Y))
```

将矩阵元素加入文本框。

```
Text1.Value = Text1.Value & Chr(13) & Chr(10)
```

使用 Text1.Value & Chr(13) & Chr(10) 实现文本框内换行，并将数据显示为矩阵形式。

8.3.6　VBA 中的子过程和函数过程

VBA 程序由"过程"构成，除了声明和注释部分，VBA 语句需要在"过程"中编写。用户在编写程序时，通常将需要重复使用的代码编写为"过程"，通过多次调用来实现代码复用。

VBA 中的过程分为子过程（子程序过程）和函数过程两种，包括控件绑定的事件过程、模块中建立的过程。

1．子过程

（1）创建子过程

创建子过程的方法如下。

① 通过控件绑定的事件过程创建子过程。

② 使用用户自定义方式创建子过程。

本小节主要讲解使用用户自定义方式创建和调用子过程。

用户自定义子过程的格式如下：

```
[Public | Private] [Static] Sub 子过程名([形式参数列表])
    子过程语句块
End Sub
```

说明：

① [Public | Private]：声明子过程为公有或私有，默认为 Public，即程序中任何模块都能调用该子过程；若声明为 Private，则该子过程只能在本模块中调用。

② [形式参数列表]：表示子过程是否需要传递参数，以及形参（形式参数的简称）变量个数和类型。

（2）调用子过程

子过程可以被其他用户自定义的子过程、控件绑定的事件过程、用户自定义函数过程调用；也可以在独立模块中创建子过程，并在 VBE 编程环境中单击 ▶ 调用。

调用子过程分为以下两种情况。

① 控件绑定的事件过程，通过相关操作（如单击）触发调用，也可以在程序中编写代码调用。

② 用户自定义子过程，通过语句 [Call] 子过程名([实际参数列表])调用。

【例 8.40】 建立用户自定义子过程，实现两个数的四则运算，窗体如图 8-40 所示。

图 8-40 "四则运算"窗体

解析：

例 8.35 是通过绑定按钮的单击事件过程，让所有 VBA 代码均在单击事件过程中实现来实现本例功能的，并未调用子过程。

在本例中建立用户自定义子过程 compute，绑定按钮的双击事件过程，在按钮的双击事件过程中调用 compute 子过程。

调用 compute 子过程时进行参数传递：将运算符和两个运算对象作为实参（实际参数的简称），传递给 compute 子过程的形参，在子过程内实现两个数的四则运算。

编写程序如下：

```
'compute 实现两个数的四则运算
Public Sub compute(operator As String, x1 As Double, x2 As Double)
Dim exp_str As String, exp_value As Double
exp_str = str(x1) & operator & str(x2)      '将运算符和运算对象连接成字符串
exp_value = Eval(exp_str)    '利用内置函数 Eval()将字符串转换为数学表达式并计算
Text3.Value = str(exp_value)    '在文本框中输出计算结果
End Sub


'Command1_DblClick   获取两个运算对象以及运算符
Private Sub Command1_DblClick(Cancel As Integer)
Dim a As Double, b As Double, op As String
a = Val(Text1.Value)
b = Val(Text2.Value)
Select Case Frame1.Value      '根据当前选择确定运算符
  Case 1: op = "+"
  Case 2: op = "-"
  Case 3: op = "*"
  Case 4: op = "/"
End Select
Call compute(op, a, b)            '调用子过程，传递运算符和两个运算对象
End Sub
```

2. 函数过程

在 VBA 中函数过程简称函数，函数分为系统函数（内置函数）和用户自定义函数两类。

（1）系统函数

系统函数是 Access VBA 提前编译好、供用户调用的函数，如取整函数 Int()、随机数函数 Rnd()、求平方根函数 Sqr()以及输入函数 InputBox()、输出函数 MsgBox()等。

【例 8.41】 若 x1 为正实数，则以下程序段的功能为（　B　）。

```
If x1 - Int(x1) > 0.5 Then
    x1 = Int(x1 + 1)
Else
    x1 = Int(x1)
End If
```

A. 对 x1 取整
B. 对 x1 小数部分进行四舍五入并取整
C. 对 x1 取整后加 1
D. 求比 x1 大且比 x1+1 小的整数

解析：系统函数 Int() 不考虑小数部分的值，会将小数部分直接舍弃。分别代入 x1 为 9.3 和 9.7，可以验证答案 B 正确。

（2）用户自定义函数

现实中，很多问题无法直接使用系统函数解决。这时候需要用户自己编写函数。用户自己编写的函数，称为用户自定义函数。用户自定义函数的语法格式为：

用户自定义
函数

```
[Public | Private] [Static] Function 函数名（[形式参数列表]）[As 函数返回值类型]
    函数体语句块
End Function
```

说明：

① [Public | Private][Static]：[Public | Private] 表示函数为公有还是私有，[Static] 表示函数是否为静态函数。

② [形式参数列表]：表示函数是否需要传递参数，以及形参变量个数和类型。

③ [As 函数返回值类型]：指定函数返回值类型。函数在执行后产生返回值，如果省略则函数返回值类型默认为变体类型。

④ 函数可以被其他用户自定义子过程、控件绑定的事件过程、用户自定义函数过程调用执行；也可以在独立模块中建立函数过程，在 VBE 编程环境里单击 ▶ 按钮调用执行。

【例 8.42】 编写用户自定义函数实现：输入 5 个数，求其最大值。

解析：使用多分支选择结构，本例需要多次比较并且考虑各种情况。

本例通过编写自定义函数 Compare() 比较两个数大小，多次调用后实现求 5 个数的最大值的功能。

建立模块，分别插入 Compare() 函数和 Main 子过程。

用户自定义函数 Compare() 的代码如下：

```
Private Function Compare(x As Integer, y As Integer) As Integer
Dim m As Integer
If x > y Then
    m = x
Else
    m = y
End If
Compare = m
End Function
```

用户自定义子过程 Main 的代码如下：

```
Private Sub Main()
Dim a As Integer, b As Integer, c As Integer
Dim d As Integer, e As Integer, max As Integer
a = InputBox("输入第一个数: ", , 10)
b = InputBox("输入第二个数: ", , 10)
c = InputBox("输入第三个数: ", , 10)
d = InputBox("输入第四个数: ", , 10)
e = InputBox("输入第五个数: ", , 10)
```

```
max = Compare(Compare(Compare(a, b), Compare(c, d)), e)
Debug.Print a; b; c; d; e; " 的最大值是: " & max
End Sub
```

本例中，在 Compare()函数中求出两个数的大值，赋给变量 m，并通过 Compare = m 将该值作为函数返回值。

在 Main 子过程中，通过 max = Compare(Compare(Compare(a, b), Compare(c, d)), e)多次调用 Compare()函数，每次调用都会比较两个数的大小。

比较过程为：求出 a 和 b 中的大值（记为 p）；求出 c 和 d 中的大值（记为 q）；再对 p 和 q 比较，求出大值（记为 z）；最后将 z 和 e 比较，得到 5 个数中的最大值。

程序的运行结果如图 8-41 所示。

图 8-41　程序的运行结果

3．函数过程和子过程的其他说明

（1）函数过程和子过程的命名规则和变量的命名规则相同。

（2）函数过程和子过程的形参变量，不需要使用 Dim 声明，并且形参与实参的个数和类型必须保持一致。如果省略形参类型声明，则形参变量默认为变体类型。

（3）形参和实参可以同名或不同名。

（4）参数传递分为传值和传址两种方式。

传值：参数传递时实参值单向传递给形参，即实参→形参。因此形参值的变化不会影响实参值。指定传值方式，需在形参变量前加 ByVal 关键字，如 Public Sub A(ByVal x As Integer)。

传址：参数传递时形参和实参占用同一段内存单元，形参值的变化会影响实参值，前例的参数传递方式均为传址。指定传址方式，可以在形参前加 ByRef 关键字，或省略该关键字。

（5）函数有返回值，子过程无返回值。

（6）在函数或子过程内定义的变量，称为局部变量，局部变量仅在函数或子过程内有效。

（7）函数调用形式如下。

通过赋值语句调用：

```
变量名 = 函数名([实际参数列表])
```

作为函数|子过程|方法的参数调用：

```
函数名|子过程名|方法名(函数名([实际参数列表]))
```

（8）子过程的调用形式如下。

使用 Call 关键字调用：

```
Call 过程名([实际参数列表])
```

直接调用：

```
过程名([实际参数列表])
```

8.3.7　变量的作用域

声明变量时，声明的位置不同，变量起作用的范围也不同。变量起作用（有效）的代码范围，称为该变量的作用域。根据变量作用域的不同，将变量分为局部变量、模块级变量、全局变量。

1．局部变量

函数（子过程）内声明的变量称为局部变量，局部变量的作用域为声明该变量的函数（子过程）内部。局部变量分为动态变量和静态变量。

（1）动态变量：函数或子过程内，通过 Dim 声明的变量或直接使用的变量（隐式声明）称为动态变量。

（2）静态变量：函数或子过程内，通过关键字 Static 声明的变量称为静态变量。

动态变量在函数（子过程）调用结束后释放存储空间，下次调用函数（子过程）时，重新声明动态变量，并重新分配存储空间。

静态变量在函数（子过程）调用结束后不释放存储空间，在下次调用函数（子过程）时，变量值为最后一次赋值的结果。

【例 8.43】 以下程序，执行子过程 Main 后，在立即窗口输出（　C　）。

```
Private Function Variable_Static() As Integer
Static m As Integer
m = m + 2
Variable_Static = m
End Function

Private Sub Main()
k = Variable_Static()          '第一次函数调用：通过赋值语句调用
Debug.Print k ;
Debug.Print Variable_Static()  '第二次函数调用：函数作为 Debug.Print 方法的参数调用
End Sub
```

A．0　2　　　　　　　　B．2　2　　　　　　　　C．2　4　　　　　　　　D．0　0

解析：

函数 Variable_Static() 被调用两次，第一次调用时，静态变量 m 自动赋初值为 0，函数执行后返回值为 m 的值 2；第二次调用时，m 保留上一次的运算结果 2，函数执行后返回值为 m 的值 4。

2．模块级变量

在模块中声明变量时，声明语句位于所有函数过程和子过程外的通用声明段中，此类变量称为模块级变量。模块级变量的作用域为该模块，即模块级变量对该模块中所有函数过程和子过程有效。

3．全局变量

在模块的通用声明段中通过 Public 关键字声明的变量，称为全局变量。全局变量的作用域是所有模块，包括声明全局变量的模块和其他模块。

【例 8.44】 在模块 1 中编写如下变量声明：

```
Dim c As Integer
Public a As Integer
```

在模块 2 中编写如下子过程：

```
Private Sub Global_Variable()
c = c + 1
a = a + 1
End Sub

Private Sub Main()
Call Global_Variable
c = c + 1
a = a + 1
```

```
Debug.Print a, c
End Sub
```

则执行 Main 子过程后，立即窗口的输出为（　D　）。

A. 1　1　　　　　　　B. 2　2　　　　　　　C. 1　2　　　　　　　D. 2　1

解析：

（1）模块 1 中声明变量 a 为全局变量，它的作用域为所有模块。程序执行两次 a=a+1，使得 a 的值从默认值 0 变为 2。

（2）通过 Dim c As Integer 声明的变量 c 属于模块级变量，该变量仅在模块 1 中起作用。在模块 2 中，Global_Variable 子过程和 Main 子过程内出现的变量 c，分别是这两个子过程中隐式声明的不同局部变量，仅在各自子过程内起作用。

8.3.8　VBA 程序设计综合示例

编写 VBA 程序的根本目的是解决实际问题，要编写出这样的 VBA 程序往往需要综合应用多个知识点。本小节通过综合示例，介绍实际问题的程序设计。

【例 8.45】　为了解决现实生活中的"起名困难"问题，编写"自动取名"程序。

创建图 8-42 所示的"VBA 综合示例"窗体，实现自动取名功能。

窗体上包括如下控件。

3 个文本框控件，分别对应：姓氏、名字、姓名。一个组合框控件，对应性别。

一个图像控件，命名为 Image1。一个命令按钮控件，命名为 Command1。若干标签控件。

图 8-42　"VBA 综合示例"窗体

要求：在显示窗体时，3 个文本框内容为空，组合框控件默认值为字符串型值"男"。选择不同性别，名字取值集合不同，即生成的姓名应符合男生、女生取名习惯。

每次鼠标指针滑过图片，在 3 个文本框中随机显示姓氏、名字以及姓名，每隔 1/10s，文本框内容自动变化。

单击"确定姓名"按钮，文本框内容不再变化，弹出消息框"系统生成的名字是：×××"。

解析：

（1）创建图 8-42 所示窗体，用户自定义模块名为"通用数据"，在模块中输入如下代码：

```
Option Base 1
Public first_name(1000) As String
Public last_name(1000) As String
Public Const 百家姓_单姓 = "赵钱孙李周吴郑王冯陈褚卫蒋沈韩杨朱秦尤许何吕施张" & _
"孔曹严华金魏陶姜戚谢邹喻水云苏潘葛奚范彭郎鲁韦昌马苗凤花方俞任袁柳鲍史唐费岑"
Public Const 百家姓_复姓 = "万俟司马上官欧阳夏侯诸葛闻人东方赫连皇甫尉迟公羊" & _
```

"澹台公冶宗政濮阳淳于单于太叔申屠公孙仲孙轩辕令狐钟离宇文长孙慕容鲜于闾丘司徒"
Public Const 女生名字 = "秀娟英华慧巧美娜静淑惠珠翠雅芝玉萍红娥玲芬芳燕彩春菊" & _
"兰凤洁梅琳素云莲真环雪荣爱妹霞香月莺媛艳瑞凡佳嘉琼勤珍贞莉桂娣叶璧璐娅琦晶妍"
Public Const 男生名字 = "伟刚勇毅俊峰强军平保东文辉力明永健世广志义兴良海山仁" & _
"波宁贵福生龙元全国胜学祥才发武新利清飞彬富顺信子杰涛昌成康星光天达安岩中茂进林"

在通用数据模块中定义两个数组 first_name 和 last_name，这两个数组分别用于存储姓氏和名字。
考虑到百家姓中的姓氏分单姓和复姓，以及取名需符合性别习惯，因此定义 4 个字符串型常量，它们分别存储百家姓_单姓、百家姓_复姓、女生名字、男生名字。

通用数据模块中的变量和常量，使用 Public 声明为全局类型，可在所有模块或窗体中使用。

（2）绑定窗体的 Load 事件，完成初始化准备，VBA 代码如下：

```
Private Sub Form_Load()
Form.TimerInterval = 0
姓名 = "": 姓氏 = "": 名字 = ""
性别.Value = "男"
End Sub
```

窗体的 Load 事件在窗体加载时触发，用于设置文本框、组合框的初始状态。

语句 Form.TimerInterval= 0，用于将内置计时器时间间隔设定为 0，即开始时计时器为"停止计时"状态。

将 3 个文本框控件对应的姓氏、名字、姓名内容置为空字符串""，组合框控件对应的性别设置为初始选项"男"。

（3）绑定图像控件 Image1 的鼠标指针滑过事件过程（Image1_MouseMove），编写如下代码：

```
Private Sub Image1_MouseMove(Button As Integer, Shift As Integer, X As Single, Y As Single)
    Dim i As Integer, j As Integer
    Form.TimerInterval = 100          '设置计时器时间间隔为1/10s，同时开始计时
    For i = 1 To Len(百家姓_单姓)     '遍历百家姓_单姓字符串
        first_name(i) = Mid(百家姓_单姓, i, 1)  '将每个单姓依次赋值给数组元素
    Next
    For j = 1 To Len(百家姓_复姓) Step 2     '遍历百家姓_复姓字符串
        first_name(i) = Mid(百家姓_复姓, j, 2)   '注意，i 的初始值为：百家姓_单姓个数+1
        i = i + 1  '两条循环语句实现将复姓依次存放在单姓后，数组元素个数为单姓个数+复姓个数
    Next
    If 性别.Value = "女" Then           '判断组合框控件当前选项
        For k = 1 To Len(女生名字)       '遍历女生名字字符串
            last_name(k) = Mid(女生名字, k, 1)    '生成 last_name 数组元素（单字名）
        Next
    Else
        For k = 1 To Len(男生名字)
            last_name(k) = Mid(男生名字, k, 1)
        Next
    End If
End Sub
```

在代码中，函数 Mid(百家姓_单姓,i,1)的作用为：从第 i 个字符开始，截取百家姓_单姓字符串中长度为 1 的子字符串。

变量 k 为模块级整型变量，在窗体模块声明区域声明：

```
Dim k As Integer
```

变量 k 的作用域为整个模块，在 Image1_MouseMove 和 Form_Timer 事件过程中都可以使用。

变量 k 的作用：根据当前选择的性别，k 作为循环变量遍历女生名字（或男生名字）字符串，循环结束时，k 取值为女生名字（或男生名字）字符数，即女生名字（或男生名字）字符串长度。

图像控件 Image1 的鼠标指针滑过事件过程，主要实现以下两个功能：

① 重置计时器时间间隔为 1/10s，并启动计时器；

② 将姓氏（单姓或复姓）、名字（男生名字或女生名字）赋值给 first_name 和 last_name 数组。

（4）绑定窗体内置的 Timer 事件过程。

窗体内置 Timer 事件过程（Form_Timer），根据计时器设定的时间间隔重复触发。因此，在 Form_Timer 中编写的代码，每隔一段时间（单位为 ms）就会执行一次。

Form_Timer 事件过程代码如下：

```
Private Sub Form_Timer()
Dim X As Integer, Y As Integer
X = Int(Rnd() * (Len(百家姓_单姓) + Len(百家姓_复姓) / 2) + 1)
姓氏.Value = first_name(X)
Y = Int(Rnd() * (k - 1) + 1)
名字.Value = last_name(Y)
姓名.Value = 姓氏.Value + 名字.Value
End Sub
```

利用 Int(Rnd() * (Len(百家姓_单姓) + Len(百家姓_复姓) / 2) + 1)，生成 1～百家姓（包含单姓、复姓）个数的随机整数，即随机生成姓氏数组元素索引赋值给变量 X。

通过赋值语句姓氏.Value = first_name(X)，改变姓氏文本框的值为随机选取的 first_name 数组元素，实现随机生成姓氏。

利用 Y = Int(Rnd() * (k－1) + 1)，生成 1～名字个数（男生名字或女生名字个数）的随机整数。

通过赋值语句名字.Value = last_name(Y)，改变名字文本框的值为随机选取的 last_name 数组元素，实现随机生成名字。

利用赋值语句姓名.Value = 姓氏.Value + 名字.Value，改变姓名文本框的值。

每隔 1/10s 触发 Form_Timer 事件过程，执行上面的代码，实现随机生成姓名。

（5）绑定 Command1 按钮的单击事件过程，代码如下：

```
Private Sub Command1_Click()
Form.TimerInterval = 0       '确保每次单击按钮后，文本框内容停止变化
MsgBox "系统生成的名字是: " & 姓名.Value, vbOKOnly, "随机生成姓名结果"
End Sub
```

单击"确定姓名"（Command1）按钮，停止计时，弹出消息框。

窗体的运行结果如图 8-43 和图 8-44 所示。

图 8-43　自动生成男生姓名

图 8-44　自动生成女生姓名

VBA 程序设计基础　第 8 章

说明：

本例中用到跨模块的全局变量、全局字符串型常量、不同子过程中使用的模块级变量、字符数组、取整函数 Int()、随机数函数 Rnd()、截取子字符串函数 Mid()，以及窗体的 Load 和 Timer 事件过程、图像控件 Image1 的鼠标指针滑过事件过程 Image1_MouseMove、按钮 Command1 的单击事件过程 Command1_Click、输出函数 MsgBox() 等知识点。

学习提示：

思考如何强化程序功能，使生成的姓名中包含双字名，如李成刚、欧阳芳芳。

8.3.9　VBA 中的文件操作

Windows 是基于文件和目录的操作系统，数据通常存放在文件[如文本文件（.txt）、Excel 文件（.xlsx）、Word 文件（.docx）和 Access 数据库文件（.accdb）等]中。

文件中处理数据的过程通常包括打开文件、关闭文件、读取文件内容、向文件中写入数据。

VBA 中的
文件操作

1．打开文件

文件必须在打开后才能使用，VBA 通过 Open 语句打开文件。其语法格式为：

```
Open 文件名字符串 For 文件模式 [读写方式] [锁定模式] As [#]文件编号 [Len = 记录长度]
```

（1）文件名字符串：文件名称，可包括目录、文件夹以及驱动器的名称。

（2）文件模式：访问文件的方式，包括以下几种。

① Append：打开顺序文件时可以在文件末尾追加数据，如果文件不存在则新建。

② Binary：以二进制形式打开文件，如果文件不存在则新建。

③ Input：打开顺序文件供程序读取数据，如果文件不存在则返回错误信息。

④ Output：新建顺序文件供程序输出数据，如果文件已存在则删除原文件。

⑤ Random：以随机访问模式打开文件供程序读写，如果文件不存在则新建。Random 为 Open 语句的默认文件模式。

⑥ 读写方式：用于在打开文件后，对文件进行操作，关键字包括 Access Read、Access Write 或 Access Read Write。

⑦ 锁定模式：设定其他进程对打开的文件拥有的操作权限，关键字包括 Shared、Lock Read Write、Lock Write、Lock Read。

⑧ 文件编号：用于标记和快速定位文件，文件编号的有效范围为 1～511。在文件打开后，通过引用文件编号操作文件。使用 FreeFile() 函数可以获取下一个可用的文件编号。

⑨ 记录长度：打开顺序文件时，记录长度为每次操作的缓冲区中的字符数，是一个小于等于 32767（字节）的正整数。打开随机文件时，记录长度是随机文件中定义的记录的长度。

【例 8.46】 已知文件的路径为 C:\唐诗.txt，以只读方式打开文件的语句为：

```
Open "C:\唐诗.txt" For Input Access Read As #1
```

2．关闭文件

文件打开后始终占用内存空间，因此使用结束后需要将文件关闭，否则下次打开文件时系统会提示"文件已打开"。VBA 通过 Close 语句关闭文件。其语法格式为：

```
Close [文件编号列表]
```

文件编号列表为用英文逗号分隔的多个文件编号，执行后系统将一次性关闭文件编号列表中列出的文件。若省略文件编号列表，则关闭 Open 语句打开的所有活动文件。

3．读取文件内容

文件打开后，可以使用 Input # 语句或 Line Input # 语句读取文件内容。

（1）Input #语句

Input #语句用于读取文件内容，并将读取的内容分配给变量。该语句的语法格式为：

```
Input #文件编号，变量列表
```

相关说明如下。

① 文件编号为通过 Open 语句打开的文件的文件编号，变量列表为用英文逗号分隔的若干变量。

② 如果文件的一行包含多个英文逗号，则将第一个英文逗号前的内容赋给第一个变量，第二个逗号前的内容赋值给第二个变量，以此类推。

③ 如果文件整体（或剩余部分）不包含英文逗号，则读取数据的操作在遇到换行符 chr(13)+chr(10)或回车符 chr(13)时结束，将读取到的数据赋给一个变量，再继续读取文件余下内容，按照以上规则给后面的变量赋值。

④ 读取文件内容时，需要判断是否已经读取到文件末尾。如果已经读取到文件末尾，则必须停止读取，否则系统会提示"超出文件尾"错误。

EOF()函数可以判断是否已经到达文件末尾，如果到达文件末尾则函数返回 True。该函数的语法格式为：

```
EOF（文件编号）
```

【例 8.47】 对于例 8.46 打开的文件"唐诗.txt"，将其内容读入变量，并在立即窗口中显示。

建立模块"立即窗口显示文件内容"，在模块中插入子过程"File_operate1"，编写程序，如下：

```
Private Sub File_operate1()
    Dim a, b, c, filename As String
    filename = "C:\唐诗.txt"
    Open filename For Input Access Read As #12    '打开文件，设置文件编号为12
    If Not EOF(12) Then                           '判断是否为文件末尾
        Input #12, a, b, c                        '将文件内容赋给变量a、b、c
    End If
    Debug.Print a
    Debug.Print b
    Debug.Print c                                 '在立即窗口输出
    Close #12                                      '关闭文件
End Sub
```

在程序中定义 3 个变量 a、b、c，读入 3 行数据，最后一行诗句"夜来风雨声，花落知多少。"没有读取到。程序的运行结果如图 8-45 所示。

图 8-45　程序的运行结果

学习提示：

如果文件中包含多行数据，可以使用循环逐行读入并赋给变量，从而读取全部文件内容。

文本文件"唐诗.txt"内容包含汉字，需要将该文件存储为"ANSI"类型，否则会显示乱码。

（2）Line Input #语句

Line Input #语句用于读取文件的一行内容，并将其赋值给一个变量，遇到回车符或换行符时读取结束。该语句的语法格式为：

```
Line Input #文件编号，字符串变量名
```

使用 Line Input # 语句，例 8.47 子过程中的代码可改为：

```
Dim a As String, filename As String
filename = "C:\唐诗.txt"
Open filename For Input Access Read As #12
While Not EOF(12)
  Line Input #12, a            '读取到一行内容后，在立即窗口显示
  Debug.Print a
Wend
Close #12
```

此时能读取并显示"唐诗.txt"文件所有内容。

4．向文件中写入数据

文件打开后，可以将程序运行结果或其他数据写入文件，VBA 通过 Write #、Print # 语句向顺序文件中写入数据。

（1）Write # 语句

Write # 语句通常用于将内容输出到文件中，其语法格式为：

```
Write #文件编号，[输出表达式列表]
```

说明如下。

① 文件编号为已经打开、即将写入数据的目标文件的编号。

② 输出表达式列表为写入目标文件的具体内容，列表之间可以用英文逗号","、英文分号";"或空格分隔。如果省略输出表达式列表，则向目标文件写入空白行。

③ 使用 Write #语句写入目标文件时，文本数据会处理成字符串，即在文本数据两端加上英文双引号""，数值数据不变。

④ 使用 Write #语句写入一行数据，会自动在行末加上换行符 chr(13)+chr(10)。

【例 8.48】 读取"唐诗.txt"文件内容，并将提示信息和文件内容写入新文件。

编写程序如下：

```
Private Sub File_operate2()
  Dim a, filename1 As String, filename2 As String
  filename1 = "C:\唐诗.txt"
  filename2 = "C:\唐诗2.txt"
  Open filename1 For Input As #1
  Open filename2 For Append As #2
  Write #2, "This is a poetry of the Tang Dynasty,it has ", 4, "lines"
  While Not EOF(1)
    Input #1, a
    Write #2, a
  Wend
  Close #1, #2
End Sub
```

说明如下。

① 打开"唐诗.txt"文件用于读取数据，文件模式为 Input，打开"唐诗2.txt"文件用于写入数据，文件模式为 Append。

② 以下 Write # 语句以逗号分隔出 3 个输出表达式，其中 4 为数值数据，在写入的目标文件

"唐诗 2.txt"中，没有用英文双引号进行标识。

```
Write #2, "This is a poetry of the Tang Dynasty,it has ", 4, "lines"
```

代码执行后，文件"唐诗 2.txt"的内容如图 8-46 所示。可以看到，所有文本数据两端都自动添加了英文双引号，数值数据 4 保持不变。

（2）Print # 语句

Print # 语句用于将限定格式的数据写入目标文件。其语法格式为：

```
Print #文件编号 , [{Spc(n) | Tab[(n)]}] [输出表达式列表]
```

与 Write # 语句不同，Print # 语句不会在文本数据两端添加英文双引号，数据之间的英文逗号分隔符不会自动插入。

修改例 8.48 中的两条 Write # 语句，代码如下：

```
Print #2, "This is a poetry of the Tang Dynasty,it has "; 4; "lines"
Print #2, a
```

程序运行后，文件"唐诗 2.txt"的内容如图 8-47 所示。

图 8-46　文件"唐诗 2.txt"的内容

图 8-47　文件"唐诗 2.txt"的内容

8.4　VBA 程序调试

VBA 程序编写完成，执行时难免会出现错误，需要对程序代码进行调试，找出并修改错误。程序调试：观察程序运行时变量、表达式、函数的值，找出并修改程序代码错误的过程。

8.4.1　程序错误的分类

程序错误通常可以分为 4 类：语法错误、编译错误、运行时错误和逻辑错误。

1．语法错误

语法错误：代码违反 VBA 的语法规则的错误。语法错误在编辑代码的同时，由编辑器主动检查、发现并提示用户。

```
If x Mod 2 = 0
      y=2 * x + 1
End If
```

编写上述代码时，错误语句字体颜色变为红色，系统提示图 8-48 所示的语法错误。错误原因：违反 If-Then-Else-End If 语法格式。编辑器提示缺少 Then 关键字。

语法错误主要包括输入错误的关键字、缺少关键字、数组声明错误、输入非法的变量名等。

2．编译错误

编译错误：程序执行初期在编译阶段出现的错误。

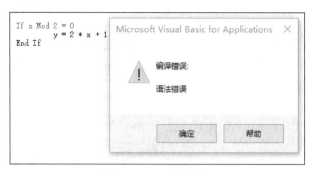

图 8-48 语法错误

VBA 是解释型语言，程序代码的执行方式为解释一句执行一句，程序执行时首先编译，统一检查违反程序设计规则的错误。

例如要求"强制显式声明变量"，却在程序中出现隐式声明的变量，如图 8-49 所示，程序执行时，在编译阶段出现错误。

图 8-49 编译错误

3．运行时错误

运行时错误：程序执行时解释程序发现的错误。

例如执行 x = 1 / 0，此时 0 作为除数，在执行时提示"运行时错误"。

运行时错误情况较多，例如 0 作为除数、数组元素索引越界、变量存储数据超出变量声明类型取值范围的"溢出"错误、运算对象和运算符类型不匹配，以及文件重复打开、文件未打开时进行读写、文件模式和读写方式不匹配等。

4．逻辑错误

逻辑错误：由于算法错误导致的程序运行结果错误。

逻辑错误和上述 3 种错误不同，执行时程序出现逻辑错误，解释程序不会报错，但会导致异常或运行结果不正确。

（1）导致异常。执行如下代码，由于 X > 0 永远为 True，程序陷入无限循环。

```
X = 1
While X > 0
  Debug.Print X
Wend
```

（2）导致运行结果不正确。执行如下代码，代码的作用为求出 100 以内所有奇数的和。

```
For X = 1 To 100
  S = S + X
Next
Debug.Print S
```

由于循环步长为 1，输出的 S 值为 1～100 所有自然数的和，导致运行结果错误。

此时应将 For-Next 循环改为：

```
For X = 1 To 99  step 2
```

8.4.2 调试程序的方法

调试程序的方法如下。

1．查看程序调试时变量、表达式、函数值的变化

VBE 提供立即窗口、监视窗口和本地窗口，用以监控变量、表达式、函数的值，以及单步执行时查看中间结果，各个窗口的主要功能如下。

（1）立即窗口

功能：执行单行代码；显示语句"Debug.Print 表达式 "的运行结果。

例如，在立即窗口的文本框中输入 x = 1:y=2，按"Enter"键，变量 x 的值为 1，y 的值为 2；继续输入 Debug.Print x+y，按"Enter"键，在立即窗口显示 3。

注意，在立即窗口编写的代码会"写一行立即执行"，之前编写的语句将不再执行。

（2）监视窗口

在中断模式下调试代码时，监视窗口可以显示需要监视的对象、表达式以及变量值的变化。监视窗口有两种使用方法。

① 执行"调试→添加监视（或编辑监视）"命令，增加（或编辑）要监视的变量、表达式的值。

② 右键单击监视窗口空白处，能够添加、编辑、删除监视对象。

（3）本地窗口

功能：调试程序时打开该窗口，该窗口中自动显示当前过程（或函数）中的变量声明及变量值。

"逐语句"（按"F8"键）执行程序时，显示该语句执行后，程序中所有变量、数组元素、函数值的变化。

2．设置断点，在中断模式下调试代码

VBE 提供丰富的调试程序方法，常用的有设置断点，单步执行代码。

【例 8.49】已知以下程序的功能为：求公元 1998—2022 年的所有闰年。

执行后显示闰年为：2004　2008　2012　2016　2020。判断结果是否正确，如果不正确，找出错误并修改。

```
Dim n As Integer, year As Integer
For n = 1998 To 2022
    If n Mod 4 = 0 And n Mod 100 <> 0 Then        '判断是否为闰年
        year = n
        Debug.Print year;
    End If
Next
```

调试过程为：设置断点，单步执行程序，判断并查找程序中的错误。操作步骤如下。

① 打开监视窗口，添加监视表达式 year，观察中断模式下变量 year 的取值变化。

② 单击语句前灰色部分，设置多个断点及添加监视表达式，如图 8-50 所示。

③ 运行程序，执行到断点时自动中断，随后即将执行的设置了断点的语句会高亮显示为黄色。

④ 连续单击 ▶ 按钮运行程序，根据代码执行情况，发现当 n = 2000 时，year 值仍然为 0，如图 8-51 所示。

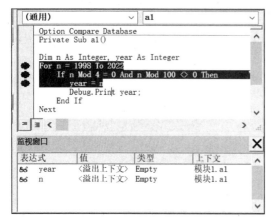

图 8-50　设置多个断点及添加监视表达式

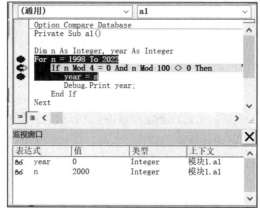

图 8-51　设置断点执行语句过程

跟踪结果表明，当 n = 2000 时，判断 n 是否为闰年的 If 语句执行结果为 False，即程序认为公元 2000 年不是闰年。然而，公元 2000 年显然是闰年，从而断定 If 语句有问题。

检查代码后发现 If 语句缺少条件，将其修改为：

```
If n Mod 4 = 0 And n Mod 100 <> 0 Or n Mod 100 = 0 Then
```

再次运行程序得到正确结果 2000　2004　2008　2012　2016　2020。

8.5　VBA 数据库编程

VBA 程序设计的重要内容是编写程序访问和操作数据库，以及管理、加工、展示数据库中的数据，从而避免最终用户直接操作数据库，加强数据库的安全性。

8.5.1　VBA 数据库编程基础

VBA 编写程序访问和操作数据库，可以分为 4 个步骤。

（1）选择数据库引擎。

（2）创建数据库对象，连接数据库。

（3）打开数据库，操作数据库对象以及处理数据。

（4）关闭数据库。

本小节介绍不同数据库引擎及其提供的接口，分别讲解 VBA 连接、管控数据库的基本方法。

数据库引擎是数据库和应用程序之间的桥梁，通常由一组动态链接库（Dynamic Linked Library，DLL）文件构成，是存储、处理和保护数据的核心组件。

VBA 连接 Access 数据库的常见接口包括以下 3 种。

1. DAO

DAO（Data Access Object，数据访问对象）是微软开发的应用程序编程接口，用于访问和操作 Access 数据库对象。DAO 接口由 Microsoft ACE（Access Connectivity Engine）数据库引擎提供，ACE 常见版本包括 Microsoft.ACE.OLEDB. 12.0 和 Microsoft.ACE.OLEDB.16.0。

VBA 连接
数据库

VBA 通过 DAO 连接数据库，需要加载 Access 数据库引擎（类库），步骤如下。

在 VBE 编程环境下，执行"工具→引用"命令，勾选"Microsoft Office 16.0

Access database engine Object Library"复选框，如图 8-52 所示。单击"确定"按钮，完成 Access 数据库引擎加载，然后就可以通过 DAO 接口访问 Access 数据库。

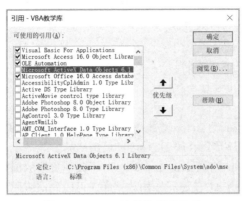

图 8-52　DAO 连接数据库设置

【**例 8.50**】 建立子过程，利用 DAO 连接当前数据库，查看"外籍学生成绩统计"表"姓名"字段值。

解析：通过 DAO 连接数据库，通常需要定义 Recordset 记录集对象变量，该变量用于绑定数据库对象（表、查询），随后的表和查询操作，将基于该记录集对象变量进行。

编写代码如下：

```
Public Sub DAO_connect()
    Dim db As DAO.Database              '定义数据库对象
    Dim rs As DAO.Recordset             '定义记录集对象
    Set db = CurrentDb()                '将 db 绑定为当前数据库
    Set rs = db.OpenRecordset("外籍学生成绩统计")   '将 rs 绑定为数据库中的表，并打开表
    While Not rs.EOF                    '判断是否为记录集最后一条记录
        Debug.Print rs.Fields!姓名,     '在立即窗口的文本框中输出"姓名"字段内容
        rs.MoveNext                     '继续访问下一条记录
    Wend
    rs.Close                            '关闭记录集
    db.Close                            '关闭数据库
    Set rs=Nothing                      '释放记录集对象 rs 占据的内存空间
    Set db=Nothing                      '释放数据库对象 db 占据的内存空间
End Sub
```

代码中，CurrentDb()表示当前数据库，用于将数据库对象和当前已经打开的数据库绑定，也可以通过打开指定数据库文件（完全路径形式）进行绑定：

```
Set db = OpenDatabase("C:\VBA 教学库.accdb")
```

EOF 表示记录集末尾；MoveNext 方法用于向下移动记录指针，即定位"外籍学生成绩统计"表下一条记录；rs.Fields!姓名表示记录集（本例为"外籍学生成绩统计"表）的"姓名"字段内容，运行结果如图 8-53 所示。

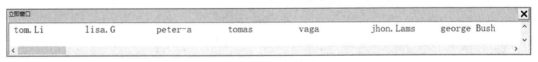

图 8-53　运行结果

变量绑定数据表（查询）后，可以通过记录集变量的 Move 方法，移动记录指针遍历符合条件的记录。Move 方法包括以下几种。

（1）Move(x)：从记录集第 x 行记录开始向下移动记录指针。

（2）MoveFirst：移动至第一条记录。

（3）MoveLast：移动至最后一条记录。

（4）MoveNext：移动至下一条记录。

（5）MovePrevious：移动至上一条记录。

2．ADO

ADO（ActiveX Data Object，ActiveX 数据对象）是基于 COM（Component Object Model，组件对象模型）组件的应用程序接口，属于 DAO 的后继产品。

在 VBA 中，DAO 用于访问 Access 数据库，对于其他关系数据库或非关系数据库，需要通过 ADO 接口实现连接。使用 ADO 访问异构数据库，可以确保应用程序的编写更规范、更具备通用性。

VBA 通过 ADO 连接 Access 数据库，需引用 ADO 类库，步骤如下。

在 VBE 编程环境下，执行"工具→引用"命令，勾选"Microsoft ActiveX Data Objects 6.1 Library"复选框，如图 8-54 所示。单击"确定"按钮，完成 ADO 类库加载，然后就可以使用 ADO 操作和管理数据库。

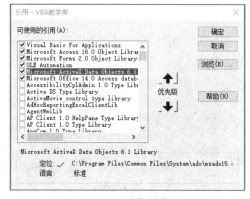

图 8-54　ADO 连接数据库设置

ADO 包括 3 个对象：Connection（连接）、Recordset（记录集）、Command（命令）。

（1）Connection 对象：负责建立与数据源的连接。

（2）Recordset 对象：负责存放来自数据库中表和查询的内容。

（3）Command 对象：对数据库下达命令，执行对数据源的请求，如 SQL 语句、存储过程等。

ADO 连接数据库步骤：定义并创建数据库对象变量；建立数据库连接；将记录集变量到绑定数据库对象（表、查询）；执行操作；关闭数据库对象。

【例 8.51】建立子过程，通过 ADO 连接数据库，利用 SQL 语句，找出"外籍学生成绩统计"表"总平均成绩"字段值大于 80 分的记录。

编写程序如下：

```
Private Sub ADO_Select()
    Dim ADO_cnn As ADODB.Connection          '定义 ADO 连接对象
    Dim ADO_rs As New ADODB.Recordset        '定义 ADO 记录集对象
    Dim str_select As String                 '定义存放 SQL 语句的字符串变量
    Set ADO_cnn = New ADODB.Connection       '创建新的 ADO 连接
    ADO_cnn.Provider = "Microsoft.ACE.OLEDB.16.0"      '选择数据库引擎
    ADO_cnn.ConnectionString = "C:\VBA 教学库.accdb"    '选择数据库
    ADO_cnn.Open                             '连接到数据库
    str_select = "select * into 成绩表 from 外籍学生成绩统计 where 总平均成绩>'80'"
    ADO_rs.Open str_select, ADO_cnn, adOpenKeyset       'ADO_rs 绑定查询并打开查询
    ADO_cnn.Close                           '关闭数据库连接
End Sub
```

如果操作的数据库是当前数据库，使用 CurrentProject 对象可以省略数据库连接代码，例如，

语句 ADO_rs.Open str_select, CurrentProject.AccessConnection, adOpenKeyset 无须定义 ADO 连接对象。

3. ODBC

ODBC（Open DataBase Connectivity，开放数据库互联）为异构数据库访问提供统一接口，应用程序以 SQL 为数据存取标准，避免因为数据库结构不同导致程序代码存在差异。

ODBC 是通用的接口标准，通过 ODBC 能够访问所有主流数据库系统，还能连接一些非数据库文件，如 Excel 表。

基于 ODBC 的应用程序不依赖 DBMS，不直接与 DBMS "打交道"，所有数据库操作由对应 DBMS 的 ODBC 驱动程序完成。

8.5.2 VBA 数据库编程应用

VBA 代码通过接口连接数据库，通常利用窗体访问数据库对象，实现对数据库的操作，从而解决现实问题，达到应用目的。

本章例 8.1 中给出 VBA 在 Excel 中的应用，在 Access 中如何实现同样的功能？以下通过综合示例解析实现过程。

【例 8.52】对于 Access 数据库中的"外籍学生成绩统计"表，要求如下。

（1）将学生姓名规范化：首字母大写，其他部分保持不变。

（2）对于不及格课程，在其后添加"*"加以标注，并且不影响总平均成绩显示（总平均成绩由各门课程的成绩相加并求平均值得到，如果直接在各科成绩单元格内添加"*"，则计算结果会报错）。

解析：在 Access 中，数据表字段具有严格的格式限制，希望实现字段值包括数字和"*"，必须设定各门课程的成绩字段为文本类型的字段。本例使用 Command 对象操作数据库，Recordset 对象返回数据表记录。Command 对象和 Recordset 对象联合使用，是处理数据库的常见方式。

设计窗体如下。

（1）选择"外籍学生成绩统计"表，通过向导创建表格式窗体。

（2）添加 3 个按钮，它们分别为"删除原数据表""生成新数据表""成绩分析"。

（3）添加 3 个文本框，它们分别为"最高分""最低分""平均分"。

（4）编写窗体加载事件过程代码，编写 3 个按钮单击事件过程的代码。

① 窗体加载事件（Load）代码如下：

```
Private Sub Form_Load()
  Text15.Value = "": Text17.Value = "": Text19.Value = ""
  Form.RecordSource = "外籍学生成绩统计"
End Sub
```

窗体加载时，"最高分""最低分""平均分"文本框清空，窗体的数据源属性（RecordSource）设置为"外籍学生成绩统计"，窗体显示"外籍学生成绩统计"表各字段取值。

② "删除原数据表"按钮单击事件过程代码如下：

```
Private Sub 删除原数据表_Click()
 Dim Cnxn As ADODB.Connection
 Dim rstSchema As ADODB.Recordset
 Set Cnxn = New ADODB.Connection
 Cnxn.Provider = "Microsoft.ACE.OLEDB.16.0"
 Cnxn.ConnectionString = "C:\VBA教学库.accdb"
 Cnxn.Open
 Text15.Value = "": Text17.Value = "": Text19.Value = ""
```

```
    Set rstSchema = Cnxn.OpenSchema(adSchemaTables)
    Do Until rstSchema.EOF
      If rstSchema!TABLE_NAME = "外籍学生成绩统计_VBA处理后" Then
        Form.RecordSource = "外籍学生成绩统计"
        DoCmd.RunSQL "Drop Table 外籍学生成绩统计_VBA处理后"
        Exit Do
      End If
      rstSchema.MoveNext
    Loop
    rstSchema.Close
    Cnxn.Close
    Application.RefreshDatabaseWindow
  End Sub
```

本例通过 ADO 接口连接数据库。ADODB.Connection 对象的 OpenSchema(adSchemaTables) 方法用于获取数据库中每个表的名称和类型。

Do Until-Loop 循环用于判断是否已经存在"外籍学生成绩统计_VBA处理后"数据表，若存在则通过"DoCmd.RunSQL "Drop Table 外籍学生成绩统计_VBA处理后""语句删除该表。

Application.RefreshDatabaseWindow 语句用于刷新 Access 数据库窗口的导航窗格，若数据库中已经存在"外籍学生成绩统计_VBA处理后"数据表，执行本段代码可以看到导航窗格中对象的变化。

③ "生成新数据表"按钮单击事件过程代码如下：

```
Private Sub 生成新数据表_Click()
  Dim ADO_command As New ADODB.Command          '定义ADO命令对象
  Dim rstSchema As ADODB.Recordset
  Dim str_select As String
  Dim flag As Boolean                            '定义标识变量
  flag = False
  Set rstSchema = CurrentProject.AccessConnection.OpenSchema(adSchemaTables)
  Do Until rstSchema.EOF
    If rstSchema!TABLE_NAME = "外籍学生成绩统计_VBA处理后" Then
      MsgBox "[外籍学生成绩统计_VBA处理后]已存在! "
      flag = True
      Exit Do
    End If
    rstSchema.MoveNext
  Loop
  If flag = False Then
    str_select = "select * into 外籍学生成绩统计_VBA处理后 from 外籍学生成绩统计"
    ADO_command.ActiveConnection = CurrentProject.AccessConnection
    ADO_command.CommandText = str_select
    ADO_command.Execute
    rstSchema.Close
    CurrentProject.AccessConnection.Close
    Application.RefreshDatabaseWindow
  End If
End Sub
```

本段代码通过 CurrentProject.AccessConnection 连接当前数据库。

Do Until-Loop 循环用于判断"外籍学生成绩统计_VBA处理后"数据表是否存在，若存在则不允许重复生成，提示相应信息。标识变量 flag 用于存放判断结果，flag 为 False 表示该表不存在，此时允许执行生成同名新表的操作。

使用 Command 对象时，需要设置 CommandText 属性值生成命令文本，通常为需要执行的 SQL 语句，本例为"select * into 外籍学生成绩统计_VBA处理后 from 外籍学生成绩统计"，作用是获取"外籍学生成绩统计"表所有记录，将其存储为"外籍学生成绩统计_VBA 处理后"表，作为后续操作的基础表。

CommandText 属性设置命令文本后，通过 Execute 方法执行方可生效。

Application.RefreshDatabaseWindow 刷新 Access 数据库窗口导航窗格，可以看到"外籍学生成绩统计_VBA 处理后"表已经生成。

④ "成绩分析"按钮单击事件过程代码如下：

```
Private Sub 成绩分析_Click()
Dim ADO_command As New ADODB.Command
Dim ADO_rs As New ADODB.Recordset
Dim str_update As String
Dim rstSchema As ADODB.Recordset
Dim flag As Boolean
flag = False
Set rstSchema = CurrentProject.AccessConnection.OpenSchema(adSchemaTables)
Do Until rstSchema.EOF
  If rstSchema!TABLE_NAME = "外籍学生成绩统计_VBA 处理后" Then
     flag = True
     Exit Do
  End If
  rstSchema.MoveNext
Loop
If flag = True Then
  str_update = "update 外籍学生成绩统计_VBA 处理后 set 姓名=UCase(Left(姓名,1)) & Right(姓
名, Len(姓名) - 1) , 总平均成绩=round((val(高等数学)+val(数据库技术)+val(汉语基础)+val(体
育))/4,2)"
  ADO_command.ActiveConnection = CurrentProject.AccessConnection
  ADO_command.CommandText = str_update
  ADO_command.Execute
  ADO_rs.Open "外籍学生成绩统计_VBA 处理后", CurrentProject.AccessConnection,
adOpenKeyset, adLockPessimistic
  While Not ADO_rs.EOF
     For i = 2 To ADO_rs.Fields.Count - 2
       If ADO_rs.Fields(i) < 60 Then
          ADO_rs.Fields(i) = ADO_rs.Fields(i) & "*"
       End If
     Next
     ADO_rs.Update
     ADO_rs.MoveNext
  Wend
  Form.RecordSource = "外籍学生成绩统计_VBA 处理后"
  Text15.Value = DMax("总平均成绩", "外籍学生成绩统计_VBA 处理后")
  Text17.Value = DMin("总平均成绩", "外籍学生成绩统计_VBA 处理后")
  Text19.Value = Round(DAvg("总平均成绩", "外籍学生成绩统计_VBA 处理后"), 2)
  ADO_rs.Close
  rstSchema.Close
  CurrentProject.AccessConnection.Close
  Application.RefreshDatabaseWindow
Else
  MsgBox "[外籍学生成绩统计_VBA 处理后]不存在! "
End If
End Sub
```

程序执行效果如图 8-55 所示。

代码执行过程分为以下几个阶段。

① 连接数据库。

② 判断"外籍学生成绩统计_VBA 处理后"表是否存在，同时给标识变量 flag 赋值。

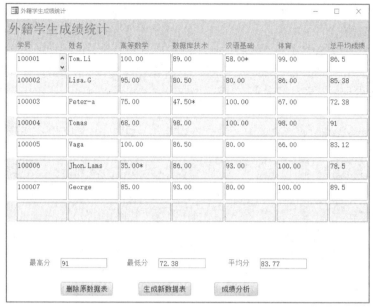

图 8-55　程序执行效果

③ 若 flag 为 True，表示"外籍学生成绩统计_VBA 处理后"表存在，则将所有记录的"姓名"字段首字母大写（SQL-update），更新"总平均成绩"字段为各门课程成绩求和并取平均值的结果（保留小数点后两位）。

④ 二重循环遍历"外籍学生成绩统计_VBA 处理后"表，判断每个学生各门课程成绩字段值，不及格成绩添加"*"进行标注。数据表处理完成，求出总平均成绩字段的最高分、最低分、平均分。

⑤ 关闭数据库连接。

说明：

```
ADO_rs.Open "外籍学生成绩统计_VBA 处理后", CurrentProject.AccessConnection, adOpenKeyset,
adLockPessimistic
```

用来打开当前数据库中指定数据表，打开方式为键集游标（adOpenKeyset），逐条开放式记录锁定（adLockPessimistic）。

记录集的 Fields 属性用来访问指定字段，通常为两种方式：

```
记录集对象名.Fields (i)          '访问表中第 i+1 个字段
记录集对象名.Fields! 字段名称     '访问表中指定字段
```

记录集的 Update 方法用来更新记录集绑定的数据表，当字段值被修改时，需要逐条更新才能生效，语法格式为：

```
记录集对象名.Update
```

DMax()、DMmin()、DAvg()属于域聚合函数，它们用于从记录集中提取并统计信息，域聚合函数语法格式为：

```
函数名 (字段表达式,记录集 [,条件表达式])
```

例如：

```
DMax("总平均成绩", "外籍学生成绩统计_VBA 处理后")     '获取"总平均成绩"字段最大值
```

实验

一、实验目的

（1）掌握窗体中编写 VBA 程序的方法。

（2）掌握顺序、选择、循环结构程序设计的方法。

（3）掌握数组的定义和程序设计方法。

（4）掌握文件操作的编程方法。

二、实验内容

（1）建立窗体，包含一个文本框控件、一个命令按钮控件。

编写按钮的双击事件 VBA 代码，要求：在窗体视图下双击按钮，在文本框中显示社会主义核心价值观文本内容："党的十八大提出，倡导富强、民主、文明、和谐，倡导自由、平等、公正、法治，倡导爱国、敬业、诚信、友善，积极培育和践行社会主义核心价值观。"

（2）建立窗体，该窗体包含 3 个文本框控件（分别用于输入水池的长、宽、高）、一个命令按钮控件。

编写按钮的单击事件 VBA 代码，要求：通过 InputBox()函数输入注水速度、出水速度，通过窗体上的文本框输入水池长、宽、高，计算注满水池所需时间，通过 MsgBox()输出结果。

（3）建立窗体，该窗体包含 3 个文本框控件、一个命令按钮控件。

编写命令按钮控件的单击事件 VBA 代码，要求：在文本框中输入 3 个正整数作为边长，判断这 3 边是否能构成三角形，通过 MsgBox()输出判断结果。（三角形的边长要求：任意两边之和大于第三边。）

（4）建立模块，在模块中建立子过程。输入 x，在立即窗口输出 $f(x)$的值。

$$f(x) = \begin{cases} -x, & x < 0 \\ 0, & x = 0 \\ 2x^3 + 3x - 1, & 0 < x \leqslant 10 \\ \dfrac{\sqrt{x}}{2}, & x > 10 \end{cases}$$

（5）建立模块，在模块中建立子过程。在立即窗口输出 1000 以内所有是 6、8、9 公倍数的整数。

（6）建立模块，在模块中建立子过程。在立即窗口输出"百钱买百鸡"问题所有的正整数解。

百钱买百鸡：100 元买 100 只鸡，公鸡 3 元 1 只，母鸡 5 元 1 只，2 只小鸡 1 元，求所有公鸡、母鸡、小鸡的组合。

（7）综合练习，自行设计窗体，编写窗体控件的某个事件过程。输入正整数 x，能够分别求出 x^3、$\dfrac{\sqrt{x}}{2}$、$1+2+\cdots+x$ 的值。

（8）编写 VBA 代码实现：定义一维数组，随机生成 10 个 1~100 的整数存放在数组中。

① 调用用户自定义函数，求数组所有元素的平均值，在立即窗口显示结果。

② 调用用户自定义函数，对数组元素进行从小到大排序，在立即窗口显示排序后数组。设置断点，在中断模式下单步执行程序，观察排序过程中数组元素值的变化。

（9）建立文本文件"宋词.txt"，内容为辛弃疾所作《青玉案·元夕》。编写 VBA 代码实现以下内容。

① 读取文件内容，显示在立即窗口。

② 在文件末尾添加文本"了却君王天下事，赢得生前身后名。可怜白发生！"，并保存文件。

（10）编写 VBA 代码，连接本实验使用的实验数据库"学号姓名-高校学生信息库.accdb"，将"学生信息"表中"所属学院"为"外语"的学生"总学分绩"提高 1.5 分，打开表查看结果。

习题

单项选择题

1. 结构化程序设计的 3 种基本结构是（   ）。
    A. 层次结构、模块结构、选择结构   B. 顺序结构、选择结构、循环结构
    C. 顺序结构、循环结构、跳转结构   D. 顺序结构、转移结构、循环结构

2. VBE 编程环境中的（   ），可以用于在程序执行后查看输出。
    A. 本地窗口   B. 立即窗口   C. 代码窗口   D. 布局窗口

3. 面向对象程序设计中，说法错误的是（   ）。
    A. 属性用来描述对象的特征   B. 方法是对象本身拥有的行为
    C. 外界施加给对象的动作称为事件   D. VBA 对象的方法、属性、事件都相同

4. 以下选项中，（   ）是合法的 VBA 标识符。
    A. Ms.王   B. 未来可期   C. 陈胜&吴广   D. #VBA32

5. 代数式 $\dfrac{\sqrt{b^2-4ac}}{2a}$ 对应的 VBA 表达式是（   ）。

    A. $\mathrm{sqr}(b^2-\dfrac{4ac}{2a})$ B. $\mathrm{sqr}(b\wedge2-4*a*c/2*a)$

    C. $\mathrm{sqr}(b\wedge2-4*a*c/2/a)$ D. $\dfrac{\sqrt{b^2-4ac}}{2a}$

6. 在 VBA 中，执行语句 s = InputBox("hello", "tust", "！") 将显示输入对话框。如果直接单击"确定"按钮，则变量 s 的值是（   ）。
    A. "hello"   B. "tust"   C. "hellotust！"   D. "！"

7、8 题. 编写程序，输入梯形的上底、下底和高，计算并输出其面积。

在窗体上放置 4 个文本框 Text_a、Text_b、Text_h，Text_area，一个命令按钮（Name 属性为 Command1）。

编写如下代码：

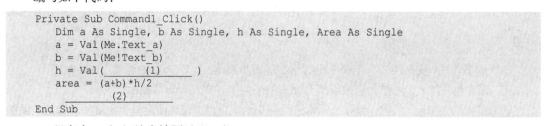

```
Private Sub Command1_Click()
    Dim a As Single, b As Single, h As Single, Area As Single
    a = Val(Me.Text_a)
    b = Val(Me!Text_b)
    h = Val(_____(1)_____)
    area = (a+b)*h/2
          _____(2)_____
End Sub
```

7. 程序中，（1）处应填写（   ）。
    A. Me.Text_a   B. Me!Text_b   C. Text_h   D. MeText_h

8. 程序中，（2）处应填写（　　）。

  A. Text_area=area   B. area=Me!Text_area

  C. Me.area=area   D. Me!area=Text_area

9. 在窗体上放置一个命令按钮（Name 属性为 Command1），编写如下代码：

```
Private Sub Command1_Click()
    Dim x As Integer, y As Integer, z1 As Integer, z2 As Integer
    x = Val(InputBox("请输入一个整数"))
    y = Val(InputBox("请输入一个整数: "))
    z1 = x * y
    z2 = x \ y
    Debug.Print z1+z2
End Sub
```

程序运行后，单击命令按钮，在输入对话框中输入 25 和 10，则输出结果是（　　）。

  A. 252   B. 1025   C. 252.5   D. 250

10. 在窗体上放置一个名称为 Command1 的命令按钮，然后编写如下事件过程：

```
Private Sub Command1_Click()
    x = Int(Rnd() * 10 + 10)
    If x < 10 Then
        y = 1
    ElseIf x < 50 Then
        y = 2
    Else
        y = 3
    End If
    Debug.Print y
End Sub
```

程序运行后，单击命令按钮，在立即窗口中显示的是（　　）。

  A. 1   B. 2   C. 3   D. 不确定

11、12 题. 编程实现判断成绩等级的功能，请将程序补充完整。

```
Private Sub Command1_Click()
    s = Val(InputBox("请输入成绩"))
    Select Case s
        Case Is >=90
            level = "A"
        Case    (1)
            level = "B"
        Case 60 To 74
            level = "C"
        Case Is < 60
            level = "D"
        (2)
    Debug.Print level
End Sub
```

11. （1）处应填写（　　）。

  A. Is <=89   B. 75 To 89   C. >=75 And <=89 D. s>=89

12. （2）处应填写（　　）。

  A. End Case   B. Select   C. End If   D. End Select

13. 在窗体上放置一个名称为 Command1 的命令按钮，编写如下事件过程：

```
Private Sub Command1_Click()
    Dim a As String, b As String
    a = "Tust"
    b = "Tianjin"
```

```
      If  a > b Then
          t = a
          a = b
          b = t
      End If
      Debug.Print a, b
End Sub
```

程序运行后，单击命令按钮，在立即窗口显示的是（   ）。

    A. Tianjin   B. Tust

    C. Tust Tianjin   D. Tianjin Tust

14、15题.输入 a、b 值，输出其中较大的数，请将下面的程序补充完整。

```
Dim a As Integer, b As Integer,max as Integer
a = Val(Text_a) '输入
b = Val(Text_b)
If ___(1)___    Then         '比较
    max = a
Else
    ___(2)___
End If
Me!Text_max = max
```

14.（1）处应填写（   ）。

    A. a–b>0   B. a–b>=0   C. b–a>0   D. b–a>=0

15.（2）处应填写（   ）。

    A. max=b   B. max=a+(a–b)

    C. max=b+(b–a)   D. max=(a+b)/2

16.以下逻辑表达式，能正确表示"x 和 y 都不是 3 的倍数"的是（   ）。

    A. x Mod 3=1–2 Or y Mod 3=1–2   B. x Mod 3=0 Xor y Mod 3=0

    C. x Mod 3<>0 Or y Mod 3<>0   D. x Mod 3<>0 And y Mod 3<>0

17.在窗体上放置一个名称为 Command1 的命令按钮，编写如下事件过程：

```
Private Sub Command1_Click()
    Dim num As Integer
    num = 0
    While num <= 10
        Debug.Print  num ;
        num = num + 3
    wend
End Sub
```

程序运行后，单击命令按钮，在立即窗口中显示的是（   ）。

    A. 0 3 6 9   B. 3 6 9   C. 0 3 6 9 10   D. 3 6 9 10

18.有如下事件过程：

```
Private Sub Command1_Click()
    Dim s As integer , t As integer
    s = 0
    t = 1
    For i = 1 To 5 step 2
        t = t * i
        s = s + t
    Next
    Debug.Print  s;
End Sub  1  3  5
```

程序运行后，在立即窗口中显示的是（　　　）。

    A. 1   B. 4   C. 9   D. 19

19. 在窗体上放置一个名称为 Command1 的命令按钮，编写如下事件过程：

```
Private Sub Command1_Click()
  For x = 2 to 10 step 3
    If x mod 2 =0  Then
        y = x*3
    Else
        y= x ^3
    End If
    Debug.Print  y;
  Next
End Sub
```

程序运行后，单击命令按钮，在立即窗口中显示的是（　　　）。

    A. 6   B. 125   C. 24   D. 6 125 24

20. 以下程序段执行后，"X"被输出（　　　）次。

```
For a = 1 To 10 Step 2
  For b = 2 To 5 Step 2
    Debug.Print "X";
  Next
Next
```

    A. 7   B. 8   C. 9   D. 10

21. 以下程序段运行后，在立即窗口中显示的是（　　　）。

```
Dim a(10) As Double, i As Integer
a(1) = 1
Debug.Print a(1);
For i = 2 To 3
  a(i) = 3 * a(i - 1) + 1
  Debug.Print a(i);
Next
```

    A. 1 4 10 13   B. 1 4 13   C. 4 13   D. 0 1 4 13

22. 已知函数声明 Private Function max_ab()，以下说法正确的是（　　　）。

    A. 函数 max_ab()不需要返回值   B. 函数 max_ab()返回值必须为整型

    C. 函数 max_ab()不需要传递参数   D. 函数 max_ab()的作用是比较 a 和 b 的大小

23. 已知子过程 a1 如下：

```
Private Sub a1( n As Integer )
If n Mod 4 = 0 And n Mod 100 <> 0 Or n Mod 100 = 0 Then
  Debug.Print n;
End If
End Sub
```

则调用子过程 a1 的正确方式为（　　　）。

    A. year=a1(2022)   B. Call a1(2022)

    C. year=a1("2022")   D. Call a1("2022")

24. 希望向已存在的数据文件中添加内容，则文件的正确打开方式为（　　　）。

    A. Open filename For Append As #2   B. Open filename For Input As #2

    C. Open filename For Write As #2   D. Open filename For Output As #2

25. 设置断点，在中断模式下调试代码，应从（　　　）查看变量或表达式取值变化。

    A. 中断窗口   B. 监视窗口   C. 立即窗口   D. 代码窗口

参考文献

[1] 中国高等院校计算机基础教育改革课题研究组. 中国高等院校计算机基础教育课程体系 2014[M]. 北京：清华大学出版社，2014.

[2] 教育部高等学校大学计算机课程教学指导委员会. 大学计算机基础课程教学基本要求 [M]. 北京：高等教育出版社，2016.

[3] 田绪红，涂淑琴，陈琰. 数据库技术及应用教程[M]. 3 版. 北京：人民邮电出版社，2021.

[4] 蒲东兵，罗娜，韩毅，等. Access 2016 数据库技术与应用[M]. 北京：人民邮电出版社，2021.

[5] 卢山，杨艳红，田瑾，等. Access 数据库实用教程（微课版）[M]. 3 版. 北京：人民邮电出版社，2021.

[6] 苏林萍，谢萍，周蓉. Access 2016 数据库教程（微课版）[M]. 北京：人民邮电出版社，2021.

[7] 陈薇薇，巫张英. Access 2016 数据库基础与应用教程[M]. 北京：人民邮电出版社，2022.

[8] 吴靖，唐小毅，马燕林，等. 数据库原理及应用（Access 版）[M]. 4 版. 北京：机械工业出版社，2019.

[9] 米红娟. Access 数据库基础及应用教程[M]. 4 版. 北京：机械工业出版社，2020.

[10] 陈铮，裴浪，张志辉，等. 全国计算机等级考试二级教程 Access 数据库程序设计[M]. 北京：人民邮电出版社，2019.

[11] 教育部教育考试院. 全国计算机等级考试二级教程——Access 数据库程序设计[M]. 北京：高等教育出版社，2022.